LES AIRES PROTÉGÉES DE RANOMAFANA ET ANDRINGITRA DANS LE CENTRE SUD-EST DE MADAGASCAR / THE PROTECTED AREAS OF RANOMAFANA AND ANDRINGITRA IN CENTRAL SOUTHEASTERN MADAGASCAR

Steven M. Goodman, Marie Jeanne Raherilalao & Sébastien Wohlhauser

Association Vahatra / Madagascar National Parks
Antananarivo, Madagascar
2023

Publiée par Association Vahatra
BP 3972, Antananarivo (101), Madagascar
associatvahatra@moov.mg, malagasynature@gmail.com
&
Madagascar National Parks
BP 1424, Ambatobe, Antananarivo (103), Madagascar
contact@mnparks.mg

ISBN 978-2-9579849-23

Photos de couverture : à gauche : Vastes forêts autour de Ranomafana (photo par Chien Lee) ; à droite : Plateau d'Andohariana à Andringitra au-dessus de la limite forestière (photo par Voahangy Soarimalala).

Cartes par Landy Holy Harifera Andriamialiranto, Madagascar National Parks

Page de couverture, conception et mise en page par Malalarisoa Razafimpahanana

La publication de ce livre a été généreusement financée par un don de la Ellis Goodman Family Foundation, Gail & Bob Loveman, Bob & Charlene Shaw, Jai Shekhawat et Adele Simmons.

Imprimerie : Précigraph, Avenue Saint-Vincent-de-Paul, Pailles Ouest, Maurice
Tirage 3000 ex.

Objectif de la série de guides écotouristiques des aires protégées de Madagascar National Parks

Ce guide a pour objectif de promouvoir l'écotourisme sur l'île et de valoriser ses richesses environnementales à travers ses aspects culturels et naturels. Les parcs et réserves de Madagascar abritent une remarquable diversité de plantes et d'animaux exceptionnels, tous uniques à notre planète. Au gré des lignes de ce guide, nous souhaitons vous donner un aperçu de l'importance que représente cette biodiversité précieuse et qui nécessite une attention soutenue pour sa préservation. Vos visites dans ces sanctuaires vous permettront à coup sûr des découvertes extraordinaires et vous offriront l'opportunité de participer à la défense d'une grande cause : la préservation de notre patrimoine naturel. For Life !

Madagascar National Parks
Antananarivo, Madagascar

Objective of the ecotourism guide series of Madagascar National Parks protected areas

This guide book aims through cultural and environmental aspects of the parks and reserves of Madagascar, the enhancement of its natural resources and the expansion of ecotourism on the island. These protected areas hold a great diversity of rather remarkable plants and animals, many of which are unique to our planet. Through this book, we want to inform you about these sites and give you an idea of the importance that this globally unique biodiversity represents, which needs constant attention for its preservation. Your visits will certainly result in extraordinary discoveries and offer you the opportunity to participate in the defense of a great cause, that is to say the preservation of our natural heritage. For Life!

Madagascar National Parks
Antananarivo, Madagascar

Cet ouvrage est dédié aux illustres bâtisseurs du réseau d'aires protégées de Madagascar, dévoués à l'honorable mission de conservation et de protection de la biodiversité unique de Madagascar et qui ont consacré des années de leur vie à créer et prendre soin de ces joyaux. Aujourd'hui, davantage d'efforts doivent être déployés pour assurer la sauvegarde de nos Parcs et Réserves, derniers vestiges du patrimoine naturel de l'île pour les générations futures. Cet ouvrage symbolise les efforts de nombreux défenseurs de l'environnement et de leur engagement immuable à valoriser les aires protégées de Madagascar.

To the great founders of the protected areas of Madagascar, who have devoted years to building and maintaining this system and honoring the mission of the conservation and protection of Madagascar's unique biodiversity. Representing the island's natural heritage for future generations, more effort must be made to promote the safeguarding of our parks and reserves. The contents of this book symbolize the work of many conservationists and draws on above all the continuous efforts aiming to enhance the value of Madagascar's protected areas.

(Photo par Ralf Bäcker / Photo by Ralf Bäcker.)

TABLE DES MATIÈRES / TABLE OF CONTENTS

PRÉFACE

La mission de Madagascar National Parks est d'établir, de conserver et de gérer de manière durable, un réseau national de Parcs et Réserves représentatifs des « joyaux » de la biodiversité et du patrimoine naturel propres à la Grande Ile.

PREFACE

The mission of Madagascar National Parks is to establish, conserve, and manage in a sustainable manner, a national network of parks and reserves representative "of the jewels" of biodiversity and natural heritage specific to the Grande Ile.

REMERCIEMENTS

ACKNOWLEDGMENTS

La collection « Guides écotouristiques des aires protégées », dont cet ouvrage est le troisième de la série, est le fruit de nos recherches, ainsi que de centaines d'autres chercheurs et naturalistes qui ont exploré, étudié et documenté les étonnants animaux et plantes de Madagascar. Ce guide, écrit en collaboration avec Madagascar National Parks, a pour objectif de promouvoir la visite des aires protégées de l'île par les écotouristes nationaux et internationaux. De plus, nous espérons que cette série sera utile pour les élèves Malagasy du primaire et du secondaire, comme une fenêtre sur leur remarquable patrimoine naturel.

Une partie du texte est une adaptation d'un ouvrage que nous avons récemment publié sur les aires protégées de Madagascar. Les recherches et la rédaction de ce livre ont été soutenues par une subvention du Fonds de partenariat pour les écosystèmes critiques (CEPF). Le CEPF est une initiative conjointe de l'Agence Française de Développement, de Conservation International, de l'Union européenne, du Fonds pour l'Environnement Mondial, du gouvernement du Japon et de la Banque Mondiale, dont l'objectif fondamental est d'assurer l'engagement de la société civile dans la conservation de la biodiversité.

Nous souhaitons également remercier la Fondation de la famille Ellis Goodman pour son généreux don destiné à la réalisation de cet ouvrage, ainsi que les importantes contributions financières de Gail et Bob Loveman, Bob et Charlene Shaw, Jai Shekhawat et Adele Simmons. Leur généreux

The series "Ecotourism guides to protected areas", for which this book is third to be published, is the product of the authors' years, as well as hundreds of other researchers and naturalists, exploring Madagascar and explored, studied, and documented its remarkable plants and animals. This current book, which has been written in collaboration with Madagascar National Parks, aims to enhance visits of national and international ecotourists to the island's protected areas. Further, we hope the series will be useful for Malagasy primary and secondary school students, as a window into their remarkable natural patrimony.

A portion of the text presented herein is derived from a recent book we edited on the terrestrial protected areas of Madagascar. The research and writing phases of that book were supported by a grant from Critical Ecosystem Partnership Fund (CEPF). The CEPF is a joint initiative of l'Agence Française de Développement, Conservation International, European Union, Global Environment Facility, Government of Japan, and World Bank. A fundamental goal of CEPF is to ensure civil society is engaged in biodiversity conservation.

We would like to thank the Ellis Goodman Family Foundation for a generous donation to produce this book, as well as important financial contributions from Gail and Bob Loveman, Bob and Charlene Shaw, Jai Shekhawat, and Adele Simmons. The kind support of these

soutien est la preuve évidente de leur engagement à promouvoir l'écotourisme et, de fait, à participer conjointement à la conservation des habitats naturels restants et au développement économique du peuple Malagasy.

Les nombreuses personnes ayant contribué à la rédaction de ce guide, sont citées et remerciées à la fin du texte sur chaque aire protégée. Les photographes suivants (par ordre alphabétique) nous ont permis d'utiliser gracieusement leurs splendides images : Ralf Bäcker, Hesham Goodman, Olivier Langrand, Chien Lee, Jan Pederson, Peter B. Phillipson, Charles Rakotovao, Achille P. Raselimanana, Peter Schachenmann, Harald Schütz, Voahangy Soarimalala et Sébastien Wohlhauser. Pour l'identification des espèces photographiées, nous remercions : Nicolas Cliquennois (phasmides), Hannah Wood (araignées) et Achille P. Raselimanana (amphibiens et reptiles).

Malalarisoa Razafimpahanana a assuré le design, la conception et la mise en page de ce guide ; comme durant les 30 années de collaboration passées, nous saluons son attention et soin du détail.

Nous sommes particulièrement enchantés de la collaboration avec Madagascar National Parks et reconnaissants pour les apports au texte de la part des collaborateurs suivants : Ollier D. Andrianambinina, Mark Fenn, Vola H. Raherisoa, Eddy Rakotonandrasana, Lalatiana O. Randriamiharisoa, Haingo Rasamoela et Hery Sylvio Razafison ; nous tenons à remercier particulièrement Landy Andriamialiranto qui a assuré la production des cartes détaillées.

individuals is a clear indication of their interest in advancing ecotourism on Madagascar, the conservation of the island's remaining natural places, and the economic development of the Malagasy people.

A number of individuals contributed to the texts for the two protected areas presented herein and they are acknowledged at the end of each of the respectivesite sections. We wish to recognize the photographers that allowed us to produce their splendid images here and these include in alphabetic order by family name Ralf Bäcker, Hesham Goodman, Olivier Langrand, Chien Lee, Jan Pederson, Peter B. Phillipson, Charles Rakotovao, Achille P. Raselimanana, Peter Schachenmann, Harald Schütz, Brando Semel, Voahangy Soarimalala et Sébastien Wohlhauser. For identification of animals in certain photos, we are grateful to Nicolas Cliquennois (stick insects), Hannah Wood (spiders), and Achille P. Raselimanana (amphibians and reptiles).

Malalarisoa Razafimpahanana was responsible for the design of the book and its typesetting, and, as over the past 30 years working together, we are grateful for her careful attention to detail.

At Madagascar National Parks, we acknowledge the collaboration and input into this text from Ollier D. Andrianambinina, Mark Fenn, Vola Raherisoa, Eddy Rakotonandrasana, Lalatiana O. Randriamiharisoa, Haingo Rasamoela, and Hery Sylvio Razafison. From that same organization, we are grateful to Landy Andriamialiranto for producing the fine maps presented herein.

INTRODUCTION

Dans ce guide de poche, nous présentons deux aires protégées gérées par Madagascar National Parks (https://www.parcs-madagascar.com/) et situées dans le Centre Sud-est de Madagascar (Figure 1). Ces sites englobent la biodiversité représentative de cette région de l'île. Le premier est le site très fréquenté de Ranomafana, avec une avifaune très diversifiée et où diverses espèces de lémuriens sont familiarisées aux visiteurs. Le second est celui d'Andringitra, dont la diversité d'habitats s'étend des forêts de basse altitude, en passant par des forêts de montagne de moindre stature, jusqu'à la vaste zone sommitale au-delà de la limite forestière qui culmine à 2658 m d'altitude. Une visite dans ces deux aires protégées permettra aux écotouristes, Malagasy ou internationaux, de découvrir différents écosystèmes, en grande partie intacts, et les splendeurs qu'ils recèlent.

Ces aires protégées, relativement proches l'une de l'autre, peuvent être facilement visitées successivement. L'accès à ces deux sites est relativement proche de la Route Nationale 7 qui relie Antananarivo (Tananarive) à Toliara (Tuléar). Fianarantsoa, ancien chef-lieu de province, est situé entre les deux aires protégées et constitue ainsi le pivot logistique que ce soit pour une nuitée à l'hôtel ou l'achat de provisions. Deux autres Parcs Nationaux, Isalo et Zombitse-Vohibasia, sont situés un peu plus au sud-ouest le long de la RN7 et seront présentés dans un autre guide de cette même série. L'ensemble de ces quatre aires

INTRODUCTION

In this pocket guide, we present two protected areas managed by Madagascar National Parks (https://www.parcs-madagascar.com/) and found in central southeastern Madagascar (Figure 1). These sites encapsulate the natural biotic diversity of this portion of the island and include the frequently visited medium altitude moist evergreen forests of Ranomafana National Park, where a range of lemur species are well habituated to visitors and that has a rich endemic bird fauna, and the ecologically diverse habitats of Andringitra from lowland forests to low stature montane forest, and then above forest line the vast expanses of the summit zone, which reaches 2658 m (8720 feet). Visits to these two protected areas by ecotourists, whether Malagasy or international individuals, will allow them to experience different types of largely untouched Malagasy ecosystems and all of the splendors they hold.

These two protected areas occur within a relatively short distance from one another and can easily be visited in successive order. Access to the two sites is a short distance from the National Road (Route Nationale) no. 7, linking Antananarivo (Tananarive) and Toliara (Tuléar). The former provincial capital of Fianarantsoa found between the two protected areas acts as the logistical pivot point, whether for an overnight hotel stay or to replenish food supplies. Another two sites along the same trajectory and a bit more to the southwest along RN7 are the National

protégées couvre ainsi un transect ethnique et écologique varié depuis les Hautes-terres centrales jusqu'aux forêts sèches du Sud-ouest. Les touristes intéressés par la nature pourront s'émerveiller devant la complexité écologique et la beauté naturelle de cette région fascinante de Madagascar. Cette découverte est facilitée par un accès routier aisé, une offre en guides locaux compétents parlant diverses langues européennes, et une gamme d'hébergements locaux, faisant de chaque séjour dans la région une expérience mémorable.

En général, le climat des altitudes moyennes du Centre Sud-est de Madagascar est marqué par deux saisons distinctes : relativement sec et frais de juin à août avec des températures s'abaissant à 8 °C la nuit, et humide et chaud de décembre à février avec des températures dépassant 30 °C, suivi d'une période de transition en mars-avril. Dans les hautes montagnes d'Andringitra, c'est-à-dire dès 1700 m d'altitude, les températures moyennes sont nettement plus fraîches et, dans la partie sommitale, elles peuvent s'abaisser bien au-dessous de 0 °C de juin à août durant l'hiver austral. Durant la saison humide, l'augmentation des précipitations, souvent associée au passage de dépressions tropicales et cyclones, peut provoquer des crues et générer ainsi quelques complications logistiques. Ces épisodes cycloniques n'ont lieu qu'une fois tous les dix ans et les visiteurs ne devraient pas s'en inquiéter. Etant donné que la période d'activité maximale des animaux forestiers coïncide avec les premières pluies, et que celles-ci augmentent à mesure que la saison des pluies progresse, la meilleure période pour

Parks of Isalo and Zombitse-Vohibasia, which will be covered in another guide within this series, and between the four protected areas this completes the diverse ethnic and ecological transect from the Central Highlands to the dry forests of the southwest. Tourists visiting this fascinating portion of Madagascar and interested in the natural world will be able to discover and marvel at the region's ecological complexity and beauty, and these aspects superimposed on relatively easy road access, excellent local guides speaking different European languages, and a range of accomodations – making a stay in the area a memorable experience.

In general, the climate of central southeastern Madagascar at mid-altitudes is marked by distinct seasons, a relatively dry and cool period from June to August with average daily temperatures dropping at night to about 8°C (45°F), a wetter and warmer period from December to February with temperatures that can climb to more than 30°C (86°F), and a transitional period from March to April. In the high mountain zone of Andringitra, that is to say above 1700 m, the average temperatures are distinctly colder and in the summit zone of the massif during the austral winter from June to August nightly temperatures can dip to well below 0°C (32°F). At both sites during the wet season, increased rainfall often associated with passing tropical depressions and cyclones can create local flooding and some logistic complications; visitors should not be too concerned about this aspect, which occurs once in a decade or so. Given that the start of the rainy season

visiter ces deux sites s'étale de mi-novembre à fin janvier, si possible.

Ranomafana est facilement accessible et dispose d'un vaste réseau de sentiers et d'infrastructures à proximité (hôtels et restaurants) pour tous les budgets. Au contraire, une visite dans les hautes montagnes d'Andringitra est plus difficile avec une offre limitée en hébergements locaux, alors que la découverte de ses forêts de basse altitude ressemble plus à une expédition et requiert une organisation préalable. Ranomafana est un lieu fascinant qui mérite une visite sur plusieurs jours avec des excursions quotidiennes dans le parc à partir d'un des hôtels, mais peut également constituer une escale agréable pour les voyageurs qui circulent dans le triangle compris entre Antananarivo, Manakara et Toliara. Au contraire, Andringitra est prioritairement un site dédié aux visiteurs disposant de matériel de camping et intéressés à des randonnées et explorations de plusieurs jours ; néanmoins, des excursions à la journée sont également organisées depuis le gîte de Madagascar National Parks situé dans la partie Nord du Parc National (Namoly).

A la rédaction de ce guide, en janvier 2023, il n'existait aucune compagnie aérienne desservant cette région de l'île et les vols commerciaux entre Antananarivo et Fianarantsoa étaient toujours suspendus ; il est néanmoins possible d'affréter des vols privés entre Antananarivo et Fianarantsoa. Sinon, l'accès se fait uniquement par route ; selon l'heure du départ, les 400 km entre Antananarivo et Ranomafana prennent près de 10 heures, mais un départ d'Antananarivo avant les embouteillages, généralement dès

coincides with the period of maximum activity of forest animals and the amount of precipitation increases as the season advances, we suggest, when possible, that the best time to visit these two sites is from mid-November to late January.

Ranomafana is easily accessible and with extensive trail systems and nearby infrastructure (hotels and restaurants) across different price ranges. In contrast, visits to the high mountain zone of Andringitra is slightly more complicated and with less of a selection of local infrastructure, while a visit to the lowland areas of this protected area, a zone without infrastructure, requires some advanced planning and more of an expedition style approach. Ranomafana is an intriguing place to plan a several day visit based in a hotel in the local village of the same name and with daily excursions to the protected area or a stopover point for travelers driving between the triangle formed by Antananarivo, Manakara, and Toliara. In contrast, Andringitra is to a large extent a place for those that are fitted with camping gear and interested in a several day hike and exploration; having said that, from the Madagascar National Parks base in the upper area of the park (Namoly), there are sites for daily excursions.

At the time this text was written (January 2023), there was no commercial air company serving this portion of Madagascar and flights between Antananarivo and Fianarantsoa have been suspended. It is possible to arrange private charter flights between Antananarivo and Fianarantsoa and otherwise access is only via motor vehicle. Depending

6 h du matin, permet de réduire la durée du voyage. Ranomafana est situé à 60 km de Fianarantsoa, soit à environ une heure et demie de trajet. Il faut également compter une heure et demie depuis Fianarantsoa pour parcourir les 55 km sur la RN7 qui mènent à Ambalavao, la ville la plus proche pour atteindre Andringitra et où est situé le bureau régional de Madagascar National Parks.

Les écotouristes en visite dans ces deux sites auront l'opportunité d'éprouver et de comprendre la complexité des programmes de conservation à Madagascar et les actions menées par Madagascar National Parks pour protéger le patrimoine naturel de l'île, qui implique la collaboration avec les communautés locales. En admirant les merveilles naturelles de ces aires protégées, il est capital de garder en tête que la majorité des organismes rencontrés ne se trouvent qu'à Madagascar (endémique) et que la plupart ne se rencontrent que dans cette partie de l'île (micro-endémique). Une définition de certains termes techniques utilisés est fournie à la fin de ce guide, en particulier pour les termes scientifiques qui ne seraient pas familiers à certains lecteurs.

Certains textes de ce guide ont été extraits et adaptés d'un ouvrage bilingue (français-anglais) en trois tomes sur les aires protégées terrestres de Madagascar publié par les mêmes auteurs et disponible auprès de l'Association Vahatra (http://www.vahatra.mg/indexeng. html) ou en format e-book (https:// press.uchicago.edu/ucp/books/ publisher/pu3431914_3431915.html) séparément en français ou en anglais. De plus, d'autres informations sur

when one leaves Antananarivo along RN7 to drive the 400 km (250 miles) to Ranomafana, the trip is close to 10 hours. The key to shorten the road travel time is to leave Antananarivo before heavy traffic, which on the average day starts after 6:00 a.m. Ranomafana is about 60 km (37 miles) from Fianarantsoa and the trip takes about 1.5 hours. Along RN7 it is 55 km (34 miles) from Fianarantsoa to Ambalavao and about 1.5 hours of car travel; Ambalavao is the city closest to the entry to Andringitra and where Madagascar National Parks has a regional office.

Ecotourists visiting the two sites presented herein will be able to see firsthand and understand the intricacies of conservation programs on Madagascar and the actions of Madagascar National Parks to protect the island's natural patrimony, including collaboration with local populations to advance these goals. When viewing the natural wonders of these protected areas, please keep in mind that the majority of the organisms you will encounter are restricted to Madagascar (endemic) and many to central southeastern Madagascar (microendemic). At the end of the book, we provide definitions of technical terms used herein, particularly those that might not be familiar to some readers.

Portions of this text have been extracted and modified from a bilingual (French-English) three-volume book on the terrestrial protected areas of Madagascar written by the same authors and published by Association Vahatra in Antananarivo (http://www.vahatra.

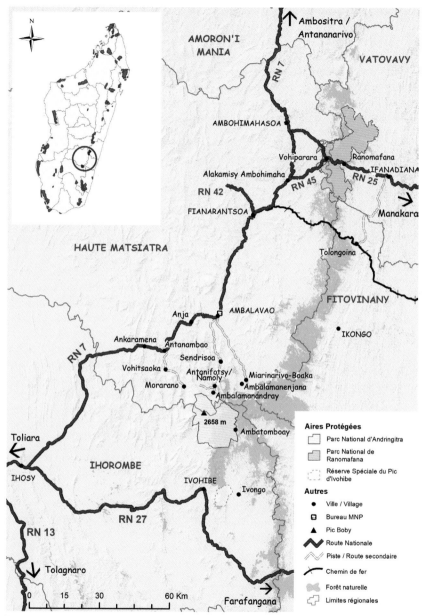

Figure 1. Carte du Centre Sud-est de Madagascar, de la localisation des deux aires protégées abordées dans ce guide, des routes d'accès et des villes et villages cités dans le texte. / **Figure 1.** Map of central southeastern Madagascar and the location of the two protected areas covered in this book, as well as access roads and towns mentioned in the text.

les deux aires protégées présentées ci-après peuvent être trouvées sur le portail des aires protégées de Madagascar (https://protectedareas.mg/) en anglais, français et Malagasy, ainsi qu'un nombre considérable de documents pdf, téléchargeables gratuitement, couvrant un large éventail de sujets sur les aires protégées terrestres de l'île. Les visiteurs de ces deux aires protégées qui observent des espèces précédemment non-documentées dans l'un des sites peuvent, à travers un programme de « science citoyenne », téléverser leurs observations sur une page dédiée (https://protectedareas.mg/species/contribute) et, une fois celles-ci validées par des spécialistes, leurs observations seront ajoutées à la liste des espèces propres à chacun des sites. Ainsi, tous les visiteurs peuvent contribuer à la connaissance de ces deux sites, qu'ils soient des ornithologues avertis, des écotouristes occasionnels ou des guides locaux.

mg/indexeng.html) or as separate French and English e-books (https://press.uchicago.edu/ucp/books/publisher/pu3431914_3431915.html). Further, other details on the two sites presented herein can be found on the Madagascar Protected Areas portal (https://protectedareas.mg/) in English, French, and Malagasy, including a considerable number of pdf documents that can be downloaded free of charge and covering a variety of subjects on the terrestrial protected areas of the island. Visitors to the two protected areas covered herein and observing species previously unknown to a site, can via a "citizen science" program upload details of their observations to a website (https://protectedareas.mg/species/contribute) and once validated by specialists will be added to the local species lists. In this manner, visitors of different sorts, ranging from hard-core bird watchers to causal ecotourists and local guides can contribute to what we know about these two sites.

Arrivée et visite des sites

Après leur arrivée au bureau d'accueil de l'aire protégée, les visiteurs devront s'acquitter des droits d'entrée (payables uniquement en monnaie locale), dont les tarifs dépendent du site, des zones visitées, de l'âge des visiteurs et de leur nationalité (étrangère ou Malagasy). Pour Ranomafana, le bureau d'accueil se situe à l'entrée du parc quelques kilomètres en amont du village de Ranomafana ; pour Andringitra, il y a le bureau principal situé à Ambalavao, et deux bureaux satellites, l'un à Namoly, l'autre à Morarano. Les droits d'entrée assurent une contribution

Arrival and site visits

After your arrival at the protected area's reception office, which for Ranomafana will be at the park entrance a few kilometers above the village of Ranomafana and for Andringitra in Ambalavao or one of the satellite offices (in Namoly or Morarano), visitors must pay entrance fees (payable only in local currency); the rates depend on the site, areas to be visited, age of the visitors, and their nationality (foreign or Malagasy).These entrance costs ensure a significant contribution to the operational costs of Madagascar National Parks and thus

conséquente aux coûts opérationnels de Madagascar National Parks et représentent ainsi la participation essentielle de chaque visiteur à la protection de la biodiversité Malagasy et au développement socio-économique des communautés vivant aux alentours des aires protégées. Après le calcul du montant des droits d'entrée, l'agent d'accueil délivre les tickets et le reçu correspondant ; il est conseillé de garder ceux-ci accessibles au cours de la visite, car, sur certains sites, le personnel de Madagascar National Parks est susceptible de les contrôler au cours de la visite. Pour les visiteurs dont l'objet de la visite est professionnel, par exemple prise de photographies ou tournage de films ou documentaires, le système de tarification de droits d'entrée est différent et ceux-ci devront s'informer au bureau d'accueil ou au siège de Madagascar National Parks à Antananarivo, situé à proximité du Lycée français de Tananarive dans le quartier d'Ambatobe, ou contacter info@madagascar.national.parks. mg ou contact@mnparks.mg. Les billets d'entrée peuvent également être achetés à l'avance au bureau de Madagascar National Parks à Ambatobe.

Pour les deux aires protégées, Ranomafana et Andringitra, il est **obligatoire d'engager des guides locaux pour la visite**. Ces guides, généralement originaires des villages environnants, ont des connaissances substantielles sur la nature, les aspects culturels et le réseau de sentiers et ont été formés pour apporter aux visiteurs des informations détaillées sur l'aire protégée, sa flore et sa faune. Parmi les guides, beaucoup parlent différentes langues européennes, et

represent the essential participation of each visitor in the protection of Malagasy biodiversity and the socio-economic development of communities living around protected areas. After calculating the amount of the entrance fees, the receptionist issues the tickets and the corresponding receipt; it is advisable to keep these accessible during the visit, because at certain sites the staff of Madagascar National Parks within the site might ask to see them. For visitors whose purpose of the visit is professional, for example taking photographs or filming films or documentaries, the pricing system for entrance fees is different and they must inquire at the reception office of each protected area or at the national headquarters of Madagascar National Parks in Antananarivo, located near the Lycée français de Tananarive in the Ambatobe neighborhood, or contact info@madagascar.national.parks.mg or contact@mnparks.mg. Entrance tickets can also be purchased in advance at the Madagascar National Parks office in Antananarivo (Ambatobe).

In both the Ranomafana and Andringitra protected areas, it is **obligatory for visitors to engage local guides** for site visits. Most of these guides come from surrounding communities, have considerable knowledge on the local natural history, cultural aspects, and trail systems, and have been trained to provide visitors with details on the protected area and its flora and fauna. In the local pool of guides, many speak different European languages, and if you have a preference other than French and English, please ask at the reception

si vous souhaitez un guidage autre qu'en français ou anglais, veuillez le demander au bureau d'accueil. Les tarifs de guidage s'ajoutent aux droits d'entrée et dépendent de la durée de la visite dans l'aire protégée, des circuits prévus et du nombre de visiteurs dans le groupe. Il est prudent de vérifier les tarifs de guidage affichés dans le bureau d'accueil avant de définir et valider les détails avec le guide engagé.

Il est important de préciser que la fréquentation touristique est saisonnière, en particulier dans les aires protégées, et que les montants versés aux guides sont une part conséquente de leur revenu annuel et que cela participe au développement de l'économie locale, tout en matérialisant la contribution de l'aire protégée au développement économique. Dans le cas où les visiteurs sont satisfaits de leur visite, il est également coutumier de donner un pourboire. **Le règlement destiné aux visiteurs** est affiché dans les bureaux d'accueil de Madagascar National Parks et il est vivement recommandé de s'imprégner de ces éléments d'attention avant la visite. Il est interdit d'amener des animaux de compagnie dans les aires protégées.

Il est fortement conseillé aux visiteurs d'emporter une quantité suffisante d'**eau potable**, au moins 1 litre par personne par jour. Il est également recommandé, selon le site et la saison, de prévoir **chapeau, crème solaire, anti-moustique et imperméable**. Pour ceux qui envisagent une excursion de nuit pour observer les animaux nocturnes, qui devront impérativement se faire en-dehors des deux aires protégées, il est recommandé de prévoir une lampe-

office. Guiding costs are over and above the entrance fees and depend on the time to be spent on a given day at the site, circuits to be followed, and the number of people in the group. Best to verify guiding fees posted at the reception office before setting out and confirm the arrangements with the person engaged.

It is important to point out that in general the period tourists visit Madagascar, specifically protected areas, is very seasonal and the fees guides receive for their services form an important portion of their annual income. Further, your visit helps to advance the local economy and create a clear association between conservation and economic development. In cases when visitors are satisfied with their guide's services, it is customary to give a tip. At the Madagascar National Parks reception office are posted the **rules for visitors** and it is strongly recommended that you familiarize yourself with these important points. It is forbidden to bring domestic pets into protected areas.

It is strongly suggested for visitors to have sufficient **drinking water** with them, at least 1 liter per person for a day visit. In addition, it is important for visitors to carry a **sunhat, mosquito repellent, sunscreen**, and **rain gear**. For those wishing to conduct a night walk to see nocturnal animals, which needs to be done outside the limits of these two protected areas, a flashlight (torch) for each person is important, and the details on organizing these are presented in the text below devoted to Ranomafana and under "Fauna". We also recommend for visitors with special interests in natural history to

torche par personne ; pour de telles visites, des conseils détaillés sont présentés dans la partie « Faune » de Ranomafana. Pour les visiteurs plus aguerris, il est recommandé d'emporter des jumelles, afin d'observer plus en détail les animaux rencontrés, un appareil photo pour documenter les observations et divers guides de terrain concernant Madagascar (par exemple les oiseaux, les mammifères ou les libellules) pour vérifier certains critères d'identification des espèces ; ces divers accessoires représentent un atout considérable pour magnifier la contemplation des merveilles de ces aires protégées.

De plus, il est essentiel de garder à l'esprit que certains groupes d'animaux ont une **activité saisonnière marquée et que, durant la saison fraîche et sèche, ces animaux sont difficiles à trouver** ; c'est par exemple le cas de la plupart des batraciens, certains petits mammifères et plusieurs espèces de lémuriens. Ainsi, il est préférable, quand cela est possible, de prévoir votre visite dans les aires protégées présentés dans ce guide durant la période préconisée pour chacun d'entre eux.

Bonnes pratiques en forêt et dans les aires protégées

Afin de ne pas déranger les animaux pour les observer au plus près, il est conseillé de marcher le plus discrètement possible en forêt, à voix basse et, bien évidemment, sans musique. De même, il est préférable de rester en groupe relativement compact juste derrière le guide. Il est aussi important de **rester sur les sentiers existants**, à moins de s'écarter de

bring along binoculars to examine in closer detail organisms observed along the trails, cameras to archive what you have seen, and different field guides available for Madagascar (for example, birds, mammals, or dragonflies) to verify details on species identification; these different items will allow a greater appreciation of the natural curiosities of these two protected areas.

Please keep in mind that different animal groups are **seasonally active**, which include, for example, most species of frogs, some small mammals, and several species of lemurs; **during the cooler dry season, some of these animals are difficult to find**. Hence, it is best, when possible, to plan your visit to the protected areas covered in this book during the appropriate period, which are presented below under each national park.

Good manners in the forest and in protected areas

In order not to disturb wild animals living in these protected areas and to be able to observe them in close proximity, please be as quiet as possible when walking through natural habitats, with low voices and, of course, no music playing. Also, best to remain in a relatively close group just behind your guide. It is also important to **stay on established trails**, other than to venture a short distance to observe or photograph something more closely. It is critical that all visitors **follow local taboos** (*fady* in Malagasy) associated with each protected area – your guide

quelques pas afin d'observer plus près ou photographier quelque chose. Il est primordial que tous les visiteurs **respectent les tabous locaux** (*fady* en Malagasy) propres à chaque aire protégée ; les guides préviennent les visiteurs sur ce qui est interdit ou non.

Sans une autorisation spéciale octroyée par les autorités du pays, il est **strictement interdit par la loi de récolter des plantes et des animaux** dans les aires protégées, ainsi que, pour les visiteurs, de capturer et manipuler des animaux. Les guides peuvent capturer certains animaux (par exemple les amphibiens et reptiles) afin de les observer au plus près ou pour les photographier, mais **ceux-ci seront relâchés par le guide à l'endroit de leur prélèvement**. Etant donné la découverte de la **chytridiomycose** à Madagascar, il est fortement recommandé aux visiteurs arrivant à Madagascar de désinfecter leurs bottes et équipements avant de traverser les zones humides afin de réduire le risque de propagation du champignon ; cette maladie, qui décime les batraciens dans plusieurs zones tropicales, est disséminée par les équipements utilisés dans des eaux infectées par le champignon chytride (lac, marais, ruisseaux et rivières). L'attitude indispensable est de **témoigner un absolu respect** pour les merveilles observées dans ces aires protégées, car tous ces organismes sont uniques à notre planète et la plupart d'entre eux ne peuvent être trouvées que dans le Centre-est de Madagascar.

Profitez de votre visite et partez à la découverte des merveilles de Ranomafana et d'Andringitra présentées dans ce guide !

will explain these to you and what you can and should not do.

Without a special permit from the national authorities, it is **strictly forbidden by law to collect plants and animals** in a protected area, as well as for tourists to trap and handle animals. Your guide may capture different animals (for example, amphibians and reptiles) for closer viewing and photographing, but these **must be returned to the place of capture**. As the presence of **chytrid fungus**, a disease that is impacting frog populations in certain tropical countries, has been found on Madagascar, and is spread by contaminated equipment used in water (lakes, marshes, streams, and rivers) elsewhere in the world where the fungus is present, it is strongly suggested that travelers arriving in Madagascar disinfect their boots or other gear before entering water bodies to reduce the risk of spreading the fungus. The key general concept is to **show complete respect** for the natural wonders you will see in these two protected areas, just about all of these organisms are unique to our planet, and in many cases can be found only in central eastern Madagascar.

Enjoy your visit and discovering the wonders of the Ranomafana and Andringitra National Parks!

RANOMAFANA

Noms : Parc National de Ranomafana, nom abrégé : Ranomafana (voir https://www.parcs-madagascar.com/parcs/ranomafana.php pour plus de détails). La Figure 2 présente une carte du site.

Catégorie UICN : II, Parc National. Autre statut : le site fait partie du Patrimoine Mondial de l'UNESCO dénommé « Forêts humides de l'Atsinanana ».

Généralités : Cette aire protégée, gérée par Madagascar National Parks (MNP), représente **l'une des plus spectaculaires aires protégées dans la partie Centre Sud-est de l'île.** Le parc, divisé en trois parcelles partiellement connectées, est situé le long de l'escarpement oriental, compris entre 800 et 1300 m d'altitude, qui sépare les Hautes-terres centrales des plaines littorales orientales. Grâce à sa biodiversité remarquable et à son accès aisé, **Ranomafana est la troisième aire protégée la plus visitée de Madagascar.** Ce site est l'endroit idéal pour découvrir les merveilles naturelles et les vastes forêts de cette partie de Madagascar grâce à **un réseau de sentiers à travers de multiples habitats** (Figure 2), principalement de la forêt humide sempervirente de moyenne altitude (Figure 3). Cette aire protégée d'environ 43 550 hectares présente un relief varié de crêtes, de plateaux et de ravines avec un entrelas de rivières et de ruisseaux dans les bas-fonds, dont bon nombre débouchent sur la rivière Namorona (Figure 4) ; celle-ci dépend strictement du couvert forestier pour garantir la recharge en eau de son bassin-versant essentiel

RANOMAFANA

Names: Parc National de Ranomafana, short name – Ranomafana (see https://www.parcs-madagascar.com/parcs/ranomafana.php for further details). See Figure 2 for a map of the site.

IUCN category: II, National Park. Other statute – Site du Patrimoine Mondial de l'UNESCO du Parc National de Ranomafana (Forêts humides de l'Atsinanana).

General aspects: This site is under the management of Madagascar National Parks and forms **one of the more spectacular protected areas in the central southeastern portion of the island**. The park, divided into three partially connected parcels, is found along the eastern escarpment, separating the Central Highlands and eastern lowlands, and ranges between 800 and 1300 m (2625 and 4265 feet) above sea-level. Grace of Ranomafana's remarkable biodiversity and easy access, it **is the third most visited** protected area on the island. The site has a **complex system of trails passing through a range of habitats** (Figure 2), mostly medium altitude moist evergreen forest and is an ideal place where ecotourists can experience the wonders of this portion of Madagascar and its extensive forests (Figure 3). This protected area of about 43,550 ha contains an often rugged landscape, comprised of plateaus, ridges, and ravines, and in the low-lying areas a continuous series of streams, which eventually enter the Namorona River (Figure 4), making the forest a critical water source for this eastern draining watershed,

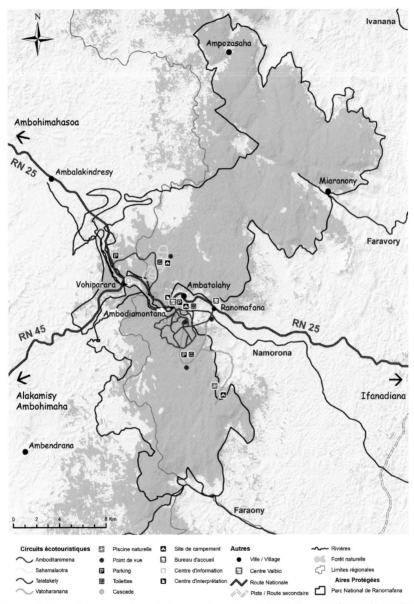

Figure 2. Carte de l'aire protégée de Ranomafana, des accès routiers, du réseau de sentiers et des différentes infrastructures, et des villes et villages environnants mentionnés dans le texte. Le parc est divisé en trois parcelles distinctes. / **Figure 2.** Map of the Ranomafana protected area, road access, the trail system and different types of infrastructure, and surrounding towns and villages mentioned in the text. The park is divided into three separate parcels.

pour diverses activités humaines, dont principalement l'agriculture. Sur la RN25 en amont de l'entrée du parc, il ne faut en aucun cas manquer les vues spectaculaires sur les rapides au fond des gorges de la rivière Namorona, avec des chutes d'eau qui se succèdent sur plusieurs centaines de mètres ; la rivière fournit l'énergie aux turbines de la station hydroélectrique de Ranomafana, située juste au-dessus du village, qui représente la source d'électricité majeure et renouvelable pour la région.

La faune vertébrée forestière typique du parc compte 145 espèces d'amphibiens et de reptiles, 124 espèces d'oiseaux et un large éventail de mammifères, avec 14 espèces de lémuriens, deux classées En danger critique d'extinction. Ainsi, une visite dans ce site récompensera assurément les visiteurs passionnés par la nature. **La période idéale pour visiter ce site est entre novembre et janvier**, lorsque la plupart des vertébrés sont en période de reproduction et au maximum de leur activité et de nombreuses plantes sont en fleurs ou en fruits.

Les averses étant fréquentes, en particulier au cœur de la saison des pluies, il convient de prévoir un imperméable performant dans ses bagages. Durant la saison des pluies, les sangsues terrestres ne sont pas rares et il est recommandé aux visiteurs de remplier le bas des pantalons dans les chaussettes et leurs hauts dans le pantalon ; l'application de répulsif avec une concentration élevée en DEET sur le bas du pantalon et les chaussettes est également un moyen efficace d'empêcher les sangsues de s'accrocher et de remonter pour sucer leur butin de sang. Malgré une

which is important for different human activities such as agriculture. Do not miss the spectacular views along RN25 and above the park entrance of the Namorona River gorge, where a massive amount of water plummets several hundred meters and provides the energy to run hydroelectric turbines just above the village of Ranomafana and an important regional source of clean electricity.

With its distinct and immensely diverse forest-dwelling vertebrate fauna, which includes 145 species of amphibians and reptiles, 124 species of birds, and a broad assortment of mammals, including 14 species of lemurs, two of which are Critically Endangered, a stopover at Ranomafana is certain to be rewarding to those interested in nature. The **ideal period for a visit to the site is between November and January**, when most land vertebrates are reproducing and their activity reaches its maximum; many plants are in flower or fruit.

Showers are frequent, particularly during the rainy season, so best to be prepared with the needed gear in your packs. During the rainy season terrestrial leeches are not uncommon in the forest and visitors should tuck their shirt into their pants and their pants into their socks; insect repellent sprayed on socks and lower portion of pants is an effective manner to keep leeches from climbing and subsequently taking a blood meal. Do not worry too much about the leeches, which are harmless albeit somewhat disturbing during the first few encounters. Your guide can also

surprise plutôt désagréable au premier abord, les sangsues sont inoffensives et le guide saura vous conseiller sur le meilleur moyen de se prémunir de ces invertébrés.

Ranomafana est dominé par le climat humide de l'Est avec des températures quotidiennes moyennes entre 14,2 °C et 22,3 °C. La saison chaude, de décembre à février, affiche des températures atteignant 28,9 °C, alors que durant la saison froide, de juin à août, celles-ci sont nettement plus basses. La pluviométrie annuelle est en moyenne de 2066 mm, dont 82 % tombent entre novembre et avril. La géologie de Ranomafana est principalement constituée de gneiss et de schiste. Les sols y sont variés, mais

explain the best manner to deal with these invertebrates.

This protected area is dominated by the humid climate of the east with average daily temperatures ranging between 14.2°C and 22.3°C (57.6°F and 72.1°F). The warm season is between December and February, with peak temperatures over 28.9°C (84.9°F), and the cold season is between June and August, with average temperatures being distinctly lower. Annual rainfall is around 2066 mm (81.4 inches), 82% falls between November and April. The primary geology of Ranomafana is gneiss and schist. This site has a mixture of soil types, most of which

Figure 3. La vaste forêt qui couvre une grande partie du Parc National, et qui est continue par endroits, est une forêt humide sempervirente de moyenne altitude, avec une canopée en grande partie fermée. (Photo par Chien Lee.) / **Figure 3.** The extensive forest covering the majority of the national park is medium altitude moist evergreen forest and with a largely closed canopy. (Photo by Chien Lee.)

Figure 4. La rivière Namorona, qui traverse le Parc National de Ranomafana, chute sur une courte distance horizontale, et alimente une usine hydroélectrique située juste au-dessus du village de Ranomafana. Les limites de l'aire protégée longent la rivière sur cette partie, avec la zone à droite, à l'extérieur du parc, qui montre clairement une végétation anthropisée. (Photo par Hesham Goodman.) / **Figure 4.** The Namorona River passes through Ranomafana and in a short horizontal distance drops several hundred meters and feeds a hydroelectric dam just above the village of Ranomafana. This portion of the river forms one of the protected area boundaries, with the zone to the left within and that to the right outside the park. The differences in the level of human modification of the natural vegetation are readily apparent. (Photo by Hesham Goodman.)

la plupart sont très altérés, acides et relativement riches en fer et en aluminium.

Aspects légaux : Basé sur le Décret n° 91-250 du 07 mai 1991. En 1997, les limites de l'aire protégée ont été modifiées sur la base du Décret n° 97-1042 du 07 août 1997.

Accès : L'aire protégée de Ranomafana est accessible depuis la capitale selon deux tracés différents (voir Figure 1 et 2) : Le premier accès se fait à la bifurcation à Alakamisy

are highly weathered, acidic, and with relatively high amounts of iron and aluminum.

Legal aspects: Creation – based on Decree No. 91-250 of 7 May 1991. In 1997, the boundaries of the protected area were modified under Decree No. 97-1042 of 7 August 1997.

Access: Portions of the Ranomafana protected area are accessible by road and there are two approaches (see Figures 1 and 2). The first commences

Ambohimaha, située à 27 km au nord de Fianarantsoa sur la RN7, par la route nationale RN45 vers l'est qui mène à Vohiparara (ou Vorondolo) où elle rejoint la RN45 après 23 km ; l'entrée du parc se situe 7 km après Vohiparara et 6 km en amont du village de Ranomafana. L'autre accès se fait à la bifurcation au sud d'Ambohimahasoa, située à 98 km au sud d'Ambositra sur la RN7, par la route nationale RN25 vers le sud-est qui mène à Vohiparara après 25 km ; ce semblant de «raccourci» n'est pas conseillé, même pour les voyageurs en provenance d'Antananarivo, en raison de l'état dégradé de cette portion de la RN25.

Une autre alternative est d'accéder au parc depuis la région de Manakara par la RN12 jusqu'à Irondro (104 km), puis la RN25 vers l'ouest sur 83 km jusqu'à l'entrée du parc (cette dernière portion prend plus de 2 h 30). Une solution alternative est de prendre la ligne ferroviaire Fianarantsoa Côte Est (FCE) depuis Fianarantsoa jusqu'à Manakara et de remonter en voiture ; il est indispensable de vérifier, à Fianarantsoa, les horaires des trains et d'être patient avec ce mode de transport qui peut se transformer en aventure. Les modalités de visite (entrée, guide local) sont à organiser au bureau de Madagascar National Parks au village de Ranomafana ou à l'entrée principale située 6 km en amont du village.

Infrastructures locales : Les infrastructures de gestion du Parc National de Ranomafana incluent le bureau administratif principal dans le village de Ranomafana et un bureau secondaire (secteur) à Ambodiamontana (entrée

close to Alakamisy Ambohimaha, along RN7 and 27 km (17 miles) north of Fianarantsoa, and joining the RNS45 (Route National Secondaire) passing towards the east, which at Vohiparara (or Vorondolo) becomes RN25. The principal entrance to the park is just above the village of Ranomafana, which is about 30 km (19 miles) from the Alakamisy Ambohimaha bifurcation. The "shortcut" secondary road, which is a portion of 23 km (14 miles) on the RN25, from just south of Ambohimahasoa to Vohiparara, is in poor condition, and it is not advised to take this road for vehicles traveling from Antananarivo.

Alternatively, Ranomafana can be accessed from the Manakara region by taking RN12 north to Irondro and then west along RN25 to the park entrance, a distance of about 83 km (52 miles), which takes a bit more than 2.5 hours. An alternative manner to reach Manakara from Fianarantsoa is via the train line known as Fianarantsoa Côte Est (FCE) railway. In this manner, one way can be by train and the return by vehicle. Best to check in Fianarantsoa about the train schedule and be patient with this mode of travel, which is a bit of an adventure. Arrangements to visit the park can be made at the Madagascar National Parks office in the village of Ranomafana or at the principal entrance about 6 km (3.7 miles) above the village.

Local infrastructure: Management infrastructure of the Ranomafana National Park include the main administrative office in the village of Ranomafana and a secondary office (sector) in Ambodiamontana.

principale). Les autres infrastructures opérationnelles sont les cinq postes de gardes (Ambalakindresy, Ambodiamontana, Miaranony, Vohibato et Vohiparara).

Les aménagements touristiques de l'entrée principale d'Ambodiamontana incluent le guichet d'accueil et le centre d'interprétation avec un ecoshop et un restaurant (non fonctionnel en mars 2023) et des toilettes ; on y trouve également un gîte pour les visiteurs (dortoirs, cuisine, eau, douche et toilettes). A proximité, le poste de contrôle de Sahamalaotra sera prochainement réhabilité. Il existe également un centre d'information dans le village de Ranomafana. Une offre variée d'hébergements et de restaurants existe au village et plus haut autour de l'entrée principale du parc. Les sites de campement d'Ambodiamontana, Vatoharanana et Sahamalaotra sont généralement équipés d'abri-tente, coin-cuisine, abri-repas, foyer, douche et toilettes ; néanmoins, la réhabilitation de ces aménagements est prévue en 2023.

Au total, le réseau de sentiers s'étend sur 67 km, organisés autour de cinq circuits principaux ponctués d'aires de repos et/ou pic-nic et de points de vue.

Sahamalaotra, 7 km, accès relativement aisé : circuit en boucle qui traverse diverses formations forestières et permet d'observer différentes espèces de plantes et d'animaux uniques au parc.

Talatakely, 8 km, étant donné certaines pentes abruptes, il est préférable de demander au préalable au guide si ce circuit est approprié : ce circuit traverse des formations forestières dominées par un goyavier

Other operational aspects include five guard posts (Ambalakindresy, Ambodiamontana, Miaranony, Vohibato, and Vohiparara).

Tourist facilities include an interpretation and reception center with an ecoshop, restaurant (not functioning as of March 2023), and toilets near the principal entrance at Ambodiamontana and a control post at Sahamalaotra that will soon be refurbished. There is also an information center in the village of Ranomafana. A range of hotel accommodations across different price ranges can be found in the village and above towards the principal park entrance. Other facilities include a guest house at Ambodiamontana (sleeping quarters, kitchen area, water, shower, and toilets) and campsites at Ambodiamontana, Vatoharanana, and Sahamalaotra (most with at least tent shelters, kitchen area, sheltered eating area, fireplace, water, shower, and toilets); these different facilities are planned to be refurbished in 2023.

In total, **managed tourist circuits include 67 km of trail**, with five principal systems, each with occasional resting/picnic areas and look-out points:

Sahamalaotra, 7 km [4.4 miles], access not too difficult – a circuit that forms a loop and passages through different forest formations and the chance to see different unique plants and animals that occur in the park.

Talatakely, 8 km [5 miles]), portions are relatively steep and best to discuss with your guide if this is an appropriate area to be visited – a portion of the trail passes through a forest habitat dominated by introduced guava

introduit (*Psidium cattleyanum*, Myrtaceae), puis des formations à bambous et d'autres types de forêts ; c'est un parcours idéal pour voir divers animaux endémiques à l'île.

Amboditanimena-Akaka, 3 km, accès relativement aisé : excellent parcours pour observer une multitude d'oiseaux, y compris des espèces aquatiques, des reptiles et des lémuriens ; ce parcours est actuellement fermé aux touristes.

Amboditanimena-Sifaka, 4 km, accès relativement aisé : excellent parcours pour observer une multitude d'oiseaux, y compris des espèces aquatiques, des reptiles et des lémuriens ; ce parcours est actuellement fermé aux touristes.

Soarano-Valohoaka, 11 km, accès relativement aisé, mais avec quelques pentes abruptes : ce circuit, actuellement fermé aux touristes, traverse diverses formations forestières, dont certaines sont intactes, et permet d'observer différentes espèces d'animaux, dont des grenouilles, reptiles, oiseaux et mammifères, ainsi que des plantes, dont des orchidées uniques au parc.

Les infrastructures de recherche comprennent le centre de recherche moderne (ValBio) d'Ambodiamontana situé juste à la limite du parc et qui offre une gamme étendue de facilités et de services (eau, électricité, internet, réfectoire, dortoir, bibliothèque, sanitaires) ; le centre est géré par l'Institut pour la Conservation des Environnements Tropicaux (ICTE) en collaboration avec Madagascar National Parks (voir https://www.stonybrook.edu/commcms/centre-valbio/) (Figure 5). Des visites du centre peuvent être

(*Psidium cattleyanum*, Myrtaceae), and then stands of bamboo and other forest formations. An excellent area to see a range of different endemic animals of Madagascar.

Amboditanimena-Akaka, 3 km [1.9 miles], access not too difficult – excellent trajectory to see a range of birds, including aquatic species, reptiles, and lemurs. This trail is currently closed for tourists.

Amboditanimena-Sifaka, 4 km [2.5 miles], access not too difficult – excellent trajectory to see a range of birds, including aquatic species, reptiles, and lemurs. This trail is currently closed for tourists.

Soarano-Valohoaka, 11 km [6.8 miles], access not too difficult, but some sections of the trail somewhat steep – this trail, which is currently closed to tourists, passes through different forest formations, including largely untouched habitat, and a chance to observe a variety of plants, including orchids, and a range of animals, including frogs, reptiles, birds, and mammals.

Research infrastructure include a modern research center (ValBio) in Ambodiamontana and just outside the limits of the park that has a range of facilities, including dormitories, library, electricity, internet, and refectory, which is managed by Institute for the Conservation of Tropical Environments (ICTE) in collaboration with Madagascar National Parks (see https://www.stonybrook.edu/commcms/centre-valbio/) (Figure 5). The research center can be visited by tourists, but this needs to be coordinated in advance. Scientific

Figure 5. L'infrastructure de recherche de Ranomafana comprend un centre moderne près d'Ambodiamontana, connu sous le nom de ValBio, juste à la limite du parc. Cette installation située au bord de la rivière Namorona et à proximité immédiate des forêts du parc est gérée par « l'Institute for the Conservation of Tropical Environments » (ICTE) en collaboration avec Madagascar National Parks ; elle a des dortoirs, différents types de laboratoires, des salles de conférence, un réfectoire et des bureaux administratifs. (Photo par Chien Lee.) / **Figure 5.** Research infrastructure at Ranomafana include a modern center near Ambodiamontana, known as ValBio, and just outside the limits of the park. This facility located at the edge of the Namorona River and in close proximity to the park's forests is managed by Institute for the Conservation of Tropical Environments (ICTE) in collaboration with Madagascar National Parks; it has dormitories, different types of laboratories, conference facilities, refectory, and administrative offices. (Photo by Chien Lee.)

organisées pour les touristes, mais doivent être arrangées au préalable. Des campements de prospection scientifique, éloignés des circuits touristiques, existent dans différentes parties de l'aire protégée.

Aspects culturels : Les deux groupes ethniques principaux qui vivent autour du parc (Betsileo et Tanala) ont des pratiques agricoles et une organisation sociale différentes. Les Betsileo sont spécialisés dans la culture de riz irrigué et ont recours à l'emploi de

research camps, away from the tourist circuits, are present in different portions of the protected area.

Cultural aspects: The two principal local ethnic groups living around the park are the Betsileo and the Tanala, each with different agricultural and social practices. The former specialize in irrigated rice cultivation and on an annual basis provide seasonal employment to itinerant workers from the Haute Matsiatra Region,

saisonniers provenant de la région Haute-Matsiatra, en particulier durant la basse saison ; chez les Betsileo, les affaires sociales sont principalement régies par les aînés (*ray aman-dreny* en Malagasy). Au contraire, les Tanala pratiquent la culture itinérante sur brûlis (*tavy* en Malagasy) et l'élevage de zébus avec des parcs à bétail situés à l'extérieur, et à l'intérieur, du parc ; d'autre part, l'ordre social et les décisions sont régies par les nobles (*ampanjaka* en Malagasy) chez les Tanala. Ces différences de pratiques impliquent des stratégies de conservation différentes autour du parc. D'autres groupes ethniques existent dans la zone, dont les Merina qui sont notamment impliqués dans le commerce.

Flore et végétation : Avec son climat relativement frais et humide, Ranomafana a fait l'objet d'études approfondies sur sa flore et sa végétation et également de recherches ciblées sur divers sujets connexes, dont en particulier la phénologie (floraison et fructification) des espèces composant le régime alimentaire des lémuriens. Situé sur l'escarpement oriental abondamment arrosé durant toute l'année, la végétation montre peu de variations saisonnières, car elle est principalement composée d'espèces sempervirentes, c'est-à-dire dont le feuillage reste vert tout au long de l'année.

La Parcelle I, au nord, et la Parcelle III, au sud, sont essentiellement forestières et comprennent des formations secondaires en bordure du parc jusqu'aux forêts les plus intactes au centre, comme ailleurs à Madagascar. Sur le flanc Est, la limite de l'aire protégée coïncide avec le

particularly during the off season. In contrast, the Tanala practice swidden agriculture (*tavy* in Malagasy) and breed zebu cattle and with corrals within and outside of the park. Rice agriculture, often associated with historical or current deforestation or conversion of marsh/swamp zones, generally show differences depending on landscape topography with swidden agriculture techniques, mostly used by Tanala, generally used on slopes and paddy fields, preferred by Betsileo, in lower areas. For the Tanala, local social order and decisions are governed by the nobles (*ampanjaka* in Malagasy). In contrast, for the Betsileo, it is the village elders (*ray aman-dreny* in Malagasy) who direct social aspects. These differences result in different conservation strategies within the protected area. Further, other ethnic groups occur locally, including the Merina who are notably active in commercial trade.

Flora & vegetation: Ranomafana, an area with a relatively cool and moist climate, has been the focus of a certain number of studies of its flora and vegetation, and this area has been extensively researched for a variety of other topics linked to plants, such as flowering and fruiting phenology associated with the dietary requirements of lemurs. The park is centered on the eastern escarpment and receives abundant rainfall throughout the year, resulting in little seasonal differences in the vegetation, that is to say most plants retain their leaves throughout the year.

Parcel I in the northern and Parcel III in the southern portions of the national

décrochement abrupt de l'escarpement oriental (Figure 6). Au nord de la Parcelle I, une vaste zone humide s'étend sur un plateau à 1160 m d'altitude ; à l'ouest de la Parcelle III, on trouve également des marais et des tourbières dans les bas-fonds. Les cyclones intenses qui touchent la région chaque décennie, ont un impact localisé dans les forêts intactes ou peu dégradées, causant la chute d'arbres isolés créant des trouées dans la canopée ; ces zones ouvertes (chablis) sont ensuite colonisées par des fourrés de bambous, première étape du processus de régénération naturelle.

La forêt qui couvre l'essentiel du Parc National est de type dense humide sempervirente de moyenne altitude, dont la hauteur de canopée s'établit de 10 à 25 m avec quelques émergents surcimant la forêt. La strate herbacée est discontinue et constituée de fougères et d'Acanthaceae, mêlées aux plantules d'essences forestières, et, par endroits, de peuplements denses de bambou-lianes. Les lianes et les épiphytes sont fréquentes, alors que la strate supérieure est composée de nombreuses essences, principalement des Lauraceae, Monimiaceae, Cunoniaceae et Myrtaceae. Sur les crêtes, la forêt est généralement plus basse avec une canopée entre 10 et 15 m, alors que sur les versants elle atteint 20 à 25 m.

Du côté floristique, sur la base d'une compilation réalisée en 2018, la flore de l'aire protégée compte 938 espèces de plantes, dont 911 (97 %) sont indigènes et 705 (77 %) endémiques à Madagascar. **Quinze espèces de plantes ne sont connues qu'à Ranomafana.** Au total, 63 espèces végétales ne sont

park are mostly covered by forest formations, ranging from secondary areas, particularly near the park limits, to as nearly pristine zones as can be found anywhere on Madagascar. On the eastern side, the protected area border falls along the pronounced altitudinal gradient of the eastern escarpment (Figure 6). In the northern part of Parcel I, there is a plateau at 1160 m (3805 feet) with open wetland habitat. In the western part of Parcel III are open areas with marshes or bogs in the extensive bottomland areas. Strong cyclones, which hit the area irregularly but every decade or so, generally have a localized impact on intact or relatively intact forest, resulting in the toppling of trees and the opening of the forest canopy; these are often sites that bamboo thickets colonize in subsequent years and part of the regeneration process.

The forest covering the majority of the national park is medium altitude moist evergreen forest, which includes sections with a canopy height ranging between 10 and 25 m (33 to 82 feet), and some higher emergent trees. The discontinuous understory is composed of herbaceous vegetation, mostly with ferns and members of the family Acanthaceae, mixed in with seedlings of forest trees, and in some degraded areas there are dense populations of vine-bamboos; lianas and epiphytes are frequent. The upper layer contains a variety of woody plants mainly Lauraceae, Monimiaceae, Cunoniaceae, and Myrtaceae. On ridges, the forest has a lower canopy between 10 to 15 m [33 to 49 feet]), while on the slopes, the forest canopy

Figure 6. De vastes formations forestières naturelles s'étendent à Ranomafana et celles de la partie orientale du parc se déploient sur les crêtes et les vallons profonds le long du gradient altitudinal et topographique de l'escarpement oriental. (Photo par Chien Lee.) / **Figure 6.** The natural forest formations of Ranomafana are extensive and the eastern portion of the national park is along a pronounced escarpment, giving rise to an altitudinal gradient and considerable topographic variation, with ridges and deep valleys. (Photo by Chien Lee.)

connues qu'à Ranomafana et quatre autres sites (au plus) à Madagascar, principalement dans les stations de forêts denses humides de la partie Est de l'île. Quatre familles de plantes endémiques à Madagascar sont présentes à Ranomafana : Physenaceae, Sarcolaenaceae, Sphaerosepalaceae et Barbeuiaceae, représentée par l'espèce répandue *Barbeuia madagascariensis* (Figure 7).

Faune : Couvert par une forêt dense humide sempervirente de moyenne altitude, relativement intacte, le Parc National de Ranomafana a fait l'objet d'études approfondies sur les

reaches between 20 and 25 m (66 to 82 feet) high.

From the floristic side, based on a tabulation from 2018, the protected area is known to have 938 species of plants, 911 (97%) of which are native, and with 705 species (77%) being endemic to Madagascar. In total, **15 species are known only from Ranomafana**. Altogether, 63 species are known from Ranomafana and no more than four other localities, many widely scattered across the moist evergreen forests of the island, mostly in the eastern portion. Members of four families endemic to Madagascar are present at Ranomafana:

animaux au cours des décennies passées : inventaires biologiques, écologie des communautés, zoonoses animales. Ainsi, la faune, y compris les invertébrés (Figures 8 et 9), est bien documentée à Ranomafana, plus particulièrement les amphibiens, les petits mammifères, les chauves-souris et les lémuriens (Table A). La diversité en grenouilles est particulièrement exceptionnelle et arbore des espèces insolites (Figure 10) ; Ranomafana est l'aire protégée la plus riche de Madagascar en grenouilles avec 100 espèces documentées, dont 13 espèces sont connues uniquement dans le parc. La faune reptilienne compte 53 espèces, dont 13 espèces de caméléons, avec l'éventail des plus petites aux plus grandes espèces connues à Madagascar (Figure 11). Deux espèces de serpents fouisseurs, *Madatyphlops domerguei* et *Madatyphlops rajeryi*, ne sont connues qu'à Ranomafana.

Ranomafana est un paradis pour les ornithologues avertis avec 125 espèces observées, y compris des espèces des diverses sous-familles et familles endémiques, dont quatre espèces de brachyptérolles (Brachypteraciidae), trois espèces de philépittes (Philepittinae), neuf espèces de tétrakas (Bernieridae) et 13 espèces de Vangidae (Figure 12). Plusieurs guides locaux, de renommée mondiale, sont des spécialistes affûtés de l'avifaune et parviennent à dénicher et à faire découvrir aux visiteurs ces espèces uniques à Madagascar. Pour les visiteurs passionnés d'oiseaux, il est recommandé de s'enquérir et de réserver un tel guide auprès du bureau de Madagascar National Parks la veille de la visite.

Figure 7. *Barbeuia madagascariensis* (Barbeuiaceae, famille endémique) une espèce répandue à Madagascar et présente à Ranomafana. (Photo par Peter B. Phillipson.) / **Figure 7.** *Barbeuia madagascariensis* (Barbeuiaceae, endemic family), a widespread species in Madagascar present in Ranomafana. (Photo by Peter B. Phillipson.)

Barbeuiaceae, represented by the widespread species *Barbeuia madagascariensis* (Figure 7), Physenaceae, Sarcolaenaceae, and Sphaerosepalaceae.

Fauna: The Ranomafana National Park with its extensive and relatively intact medium altitude moist evergreen forest, has been the subject of considerable animal research over the past few decades, ranging from biological inventories, community ecology, and zoonotic disease research. As a result, it is well known for certain groups, including invertebrates (Figures 8 and 9), and most notably amphibians, small mammals, bats, and lemurs (Table A). The local measure of frog diversity in the park

Figure 9. Le parc possède une extraordinaire diversité d'invertébrés et de nombreux travaux ont été réalisés en particulier sur les araignées. Ici, une araignée-pélican, également connue sous le nom d'araignée-assassin, du genre *Eriauchenius* (Archaeidae), dont les chélicères (mâchoires) hautement modifiés leur donnent cette apparence inhabituelle ; ceux-ci sont une adaptation à leur comportement prédateur particulier qui nécessite de projeter les chélicères, afin d'empaler leur proie avec les puissants crocs à leur pointe. (Photo par Chien Lee.) / **Figure 9.** The park has an extraordinary diversity of invertebrates and much work has been done on its spider fauna. Here is illustrated a pelican spider, also known as assassin spider, of the genus *Eriauchenius* (Archaeidae). The highly modified chelicerae (jaws), giving them their unusual appearance, is an adaptation for their special predatory behavior. This involves swinging out the jaws and then stabbing and impaling the prey with two formidable fangs at the tip. (Photo by Chien Lee.)

Figure 8. Des recherches considérables sur les insectes ont été menées dans le parc ; ici, un phasmide femelle du genre *Antongilia* (sous-famille endémique des Antongiliinae) qui est très probablement une espèce nouvelle non décrite. (Photo par Jan Pederson.) / **Figure 8.** Considerable research has been conducted in the park on insects. Here is illustrated a female walking stick of the endemic subfamily Antongiliinae and genus *Antongilia*. The animal illustrated here is almost certainly an undescribed species. (Photo by Jan Pederson.)

Au total, 14 espèces de lémuriens sont répertoriées à Ranomafana, ce qui en fait un des parcs les plus riches à Madagascar. On y trouve trois espèces endémiques régionales : l'hapalémur doré (*Hapalemur aureus*), le grand hapalémur (*Prolemur simus*) et l'avahi de Peyrieras (*Avahi peyrierasi*). De nombreux touristes viennent spécifiquement à Ranomafana pour observer ces lémuriens rares et si particuliers (Figure 13). Avec l'hapalémur gris (*Hapalemur griseus*) et les deux espèces précitées, Ranomafana abrite trois espèces d'hapalémurs sympatriques, ainsi que

with its extraordinary 100 species is the highest for any protected area on Madagascar, including some rather striking animals (Figure 10), and 13 of these frog species are only known from the park. The known reptile fauna of Ranomafana, which includes 53 species, comprises 13 different forms of chameleons, ranging from some of

Figure 10. Ranomafana a fait l'objet de nombreux inventaires détaillés des amphibiens et compte plus d'espèces de grenouilles que n'importe quelle autre aire protégée de Madagascar ; si on compte actuellement 100 espèces, il est certain que ce nombre augmentera encore avec d'autres travaux sur le terrain et en laboratoire. Ici, *Scaphiophryne spinosa*, une espèce terrestre largement distribuée dans les forêts du Centre-est de l'île, dont les tubercules (épines) sont particulièrement proéminents. (Photo par Chien Lee.) / **Figure 10.** Ranomafana has been the subject of numerous detailed inventories of the amphibian fauna and has more species of frogs than any protected area on Madagascar. The current tally is 100 species and this number is certain to augment with further field and laboratory work. Here is shown *Scaphiophryne spinosa*, a terrestrial species broadly distributed in the central eastern forests. The tubercles (spines) in this species are very prominent. (Photo by Chien Lee.)

Figure 11. Bien qu'aucune espèce unique de reptiles n'ait été documentée à Ranomafana (contrairement aux grenouilles), le site présente une diversité de reptiles considérable, dont, par exemple, 13 espèces de caméléons. *Furcifer balteatus*, illustré ici, est une espèce de caméléon, classée En danger d'extinction par l'UICN, en raison de sa distribution limitée au Sud-est de Madagascar et de son absence ou rareté de nombreux sites. (Photo par Chien Lee.) / **Figure 11.** While Ranomafana only has a few forms of reptiles unique to the park, as compared to amphibians, it has a considerable diversity. For example, 13 species of chameleons are known from the site, including *Furcifer balteatus*, illustrated here. This species occurs in a limited area in southeastern Madagascar and is notably absent to rare at some sites, and these aspects have led to its classification by IUCN as Endangered. (Photo by Chien Lee.)

trois espèces de lémurs nains à queue grasse du genre *Cheirogaleus*.

Le parc national et les forêts avoisinantes hébergent également une diversité considérable de lémuriens nocturnes et les visiteurs ne devraient, en aucun cas, manquer une sortie de nuit pour découvrir ces remarquables animaux, ainsi qu'un large éventail d'autres créatures

the smallest to largest species found on the island (Figure 11). Two species of fossorial snakes, *Madatyphlops domerguei* and *Madatyphlops rajeryi* are only known from the park.

With 125 recorded species of birds, Ranomafana is a paradise for bird watchers, as it has considerable diversity includes endemic families and subfamiles such as four species of ground-rollers (Brachypteraciidae), three species of asities (Philipittinae), nine species of tetrakas (Bernieridae),

Figure 12. Ranomafana abrite une faune et une flore remarquablement diversifiées. Le brachyptérolle pittoïde, *Atelornis pittoides*, l'une des cinq espèces de la famille des Brachypteraciidae endémique de Madagascar ; toutes les espèces de cette famille sont confinées dans les forêts humides de l'Est et du Centre, sauf une qui fréquente uniquement la forêt épineuse subaride du Sud-ouest. (Photo par Jan Pedersen.) / **Figure 12.** Ranomafana has a notably diverse flora and fauna. The Pitta-like Ground-roller, *Atelornis pittoides*, is one of five species in the family Brachypteraciidae and all are endemic to Madagascar. These different species are restricted to the eastern and central humid forests, with the exception of one that occurs in the southwestern spiny bush. (Photo by Jan Pedersen.)

nocturnes, invertébrés et vertébrés. Pour différentes raisons, les entrées de nuit ne sont pas autorisées dans les sites gérés par Madagascar National Parks, mais des visites nocturnes peuvent être organisées le long de la route nationale en-dessous de l'entrée principale. De nombreux guides locaux sont de véritables experts pour repérer et identifier les animaux nocturnes ; il est vivement recommandé de se munir d'une lampe frontale ou d'une torche pour cette formidable expérience.

and 13 species of Vangidae (Figure 12). Further, several of the local guides are world-reknown specialists on the local avifauna and can readily show visitors some of the island's unique species. For visitors interested in intensive bird watching, we suggest that you make arrangements a day before the visit at the Madagascar Parks Office to engage an specialist guide.

A total of 14 species of lemur are known from the park, making it one of the richest for primates on the island. These include three species that are regional endemics – Golden Bamboo Lemur (*Hapalemur aureus*), Greater Bamboo Lemur (*Prolemur simus*), and Peyrieras' Woolly Lemur (*Avahi peyrierasi*). A number of tourists visit Ranomafana to observe these rather special and rare lemurs (Figure 13). The site has three species of sympatric bamboo lemurs, the two mentioned above and the Gray Bamboo Lemur (*Hapalemur griseus*), as well as three species of dwarf or fat-tailed lemurs of the genus *Cheirogaleus*.

Ranomafana and neighboring forested areas have a considerable diversity of nocturnal lemurs and visitors should not miss out seeing these remarkable creatures, as well as an array of other invertebrates and vertebrates that can be observed at night. For different reasons nocturnal entry into protected areas managed by Madagascar National Parks are not allowed, but such visits can be organized with local guides along the main road above the principal entrance. Numerous local guides are real experts at spotting and identifying nocturnal animals. Best to bring along

Figure 13. Ranomafana est l'une des aires protégées les plus visitées de Madagascar, en partie grâce à sa riche faune de lémuriens, y compris des espèces difficiles à trouver ailleurs. Le long d'un vaste réseau de pistes, les touristes peuvent **A)** facilement s'approcher (photo par Brando Semel) et **B)** prendre des photos de quelques-uns des primates les plus rares au monde, tel que le grand hapalémur, *Prolemur simus* (Lemuridae) (photo par Chien Lee). / **Figure 13.** Ranomafana is one of the most visited protected areas on Madagascar, at least in part because of its rich lemur fauna, including species difficult to impossible to see elsewhere. Along the extensive trail system, tourists can **A)** easily approach (photo by Brando Semel) and **B)** photograph some of the rarest primates in the world, such as this Greater Bamboo Lemur, *Prolemur simus* (Lemuridae) (photo by Chien Lee).

Compte tenu de son exceptionnel niveau de biodiversité, Ranomafana souligne l'apport de la recherche et la pertinence d'études continues, que ce soit les travaux de scientifiques ou les activités de suivi écologique menées par le gestionnaire, afin de documenter la diversité de la faune locale et d'assurer la réussite des programmes de conservation, ces deux aspects étant intimement interconnectés.

a headlamp or flashlight (torch) if you wish to take part in this activity, which is a great experience.

Ranomafana's high levels of biodiversity underline the importance of long-term research by scientists and ecological monitoring by site managers to advance, respectively, information on the local vertebrate fauna and conservation programs – these two

Compte tenu de la documentation conséquente des vertébrés terrestres du site depuis plusieurs décennies, cette aire protégée représente une fenêtre remarquable pour détecter les éventuels indices de changements majeurs dus, par exemple, au changement climatique ou à la pression touristique du parc.

Enjeux de conservation : Le gestionnaire du parc national fait part de plusieurs causes directes de dégradation des habitats naturels, telles que l'agriculture itinérante sur brûlis (*tavy* en Malagasy), les feux de brousse, l'exploitation minière (orpaillage) dans les bas-fonds marécageux, le pâturage et la divagation des zébus, ainsi que la prolifération de cultures de bananes qui s'étendent de plus en plus dans les zones protégées et vers l'entrée du parc. D'autres pressions humaines impactent directement la biodiversité du site, telles que l'exploitation sélective illicite des ressources forestières (bois précieux, bois d'œuvre), la collecte de produits forestiers non-ligneux (bambous, *Pandanus*, miel, écrevisses) et la chasse. L'augmentation de ces facteurs de stress est directement liée à la croissance démographique, dont une immigration notable depuis les Hautes-terres centrales.

A Ranomafana, la preuve de la présence du champignon *Batrachochytrium dendrobatidis*, responsable de la maladie chytridiomycose qui décime les batraciens, fait craindre une diminution des populations et espèces de grenouilles dans le parc. Sur les lisières forestières du parc, plusieurs plantes introduites,

aspects are intimately connected. Given the considerable data on local land vertebrates dating back to several decades, this protected area provides an important window in biodiversity shifts associated with broad patterns of change, such as those related to climate or tourist visitation rates in certain portions of the park.

Conservation challenges: The site manager mentioned several direct problems associated with the degradation of local natural habitats: swidden agriculture (*tavy* in Malagasy), bush fires, mining (especially gold panning) in low-lying marshy areas, and domestic animal grazing. They also cited the proliferation of banana cultivation, which includes ever increasing plantations in protected zones and in entrance areas to the park. Further, there are pressures that directly impact the local biodiversity: selective logging (precious woods and timber), collection of non-timber forest resources (bamboo, *Pandanus*, honey, and crayfish), and animal hunting; the increases of these stresses are linked to local human population growth and more precisely immigration from the Central Highlands.

In addition, evidence has been found in this protected area of the presence of the non-native fungus *Batrachochytrium dendrobatidis*, which is responsible for the amphibian disease known as chytridiomycosis, and may result in significant declines in local frog populations and species. In the bordering area of the park, several introduced invasive plants are problematic, mostly pine (*Pinus*, Pinaceae) and guava (*Psidium*

désormais envahissantes, deviennent problématiques, principalement les pins (*Pinus*, Pinaceae) et les goyaviers de Chine (*Psidium cattleyanum*, Myrtaceae). De plus, les problèmes liés à la gestion foncière et l'accès aux terres, ainsi que l'insécurité, amplifient les conflits sociaux préexistants et/ou induits par la conservation.

Les bassins-versants du Parc National de Ranomafana, en particulier les zones avec un couvert forestier continu, assurent la recharge en eau et leur ruissellement graduel en aval dans le réseau de ruisseaux et de rivières. Cet écoulement continu joue un rôle essentiel dans l'agriculture de la zone et un rôle critique dans la production d'énergie propre grâce à la station hydroélectrique de la JIRAMA, située juste au-dessus du village, qui approvisionne la région en électricité (p.ex. Fianarantsoa, Ambohimahasoa, Camp Robin, Ifanadiana et jusqu'à Ambalavao). A ce titre, une brigade de gendarmerie est postée à Ranomafana afin d'assurer la sécurité de cette infrastructure stratégique pour la région. De nombreux hôtels et ménages assurent également leur approvisionnement en eau à travers des systèmes d'adduction gravitaire provenant de l'aire protégée. Juste à la sortie du village, on trouve également les sources thermales, célèbres pour leurs vertus thérapeutiques, dont le nom Ranomafana signifie « eaux chaudes » en Malagasy.

Une part importante des populations vivant dans la région est dépendante des ressources de la forêt pour garantir leur subsistance et leur revenu économique. Ainsi, l'implication directe des communautés locales aux activités du parc est critique pour assurer le bon fonctionnement des programmes de

cattleyanum, Myrtaceae). Finally, issues of land access and tenure, as well as insecurity problems, are directly related to increasing pre-existing and/or conservation-induced conflicts.

The watersheds of the Ranomafana National Park, specifically the portions with nearly continuous forest cover, and the buffer these areas provide to slowly release water into the local stream and river systems. The continuous discharge of water plays a critical role in local agriculture, as well as a key role in the generation of clean energy, which feeds the JIRAMA hydroelectric power station just above the Ranomafana village and supplies the region (e.g., Ambalavao, Fianarantsoa, Ambohimahasoa, Camp Robin, and down to Ifanadiana) with electricity. Given the importance of this installation, there is a Gendarmerie Brigade post in Ranomafana to ensure its security. Numerous local hotels and individual families also capture water via gravity fed systems from the protected area. Just outside of the village are the well-known thermal springs with therapeutic properties and the source of the name Ranomafana, which means in Malagasy "hot water."

For an important portion of the people living in the nearby countryside, they are dependent on forest resources for their subsistence and economic survival. Hence, the direct involvement of local people and communities is critical to advance regional conservation programs. Madagascar National Parks, working with a range of different collaborators, has several active programs to advance local socio-economic aspects and educational programs to reduce

conservation régionaux. Madagascar National Parks conduit des actions et programmes d'éducation et de développement socio-économique avec de nombreux partenaires afin de réduire ces pressions. Néanmoins, la plupart des pressions sont notées en zones périphériques et le parc national reste un lieu idéal pour apprécier sa riche faune et flore et ressentir la magie de ses forêts.

L'impact du changement climatique, un problème qui affecte l'ensemble de Madagascar, s'exprime localement à Ranomafana par une augmentation des épisodes secs, atteignant 10 jours successifs au cœur de la saison des pluies, et une diminution de la pluviométrie annuelle de 100 mm entre 1985 et 2014, soit environ 0,3 % par an. Au terme de cette période de 30 ans, le début de la saison humide s'est avancé de 30 jours. Les températures moyennes minimale et maximale ont augmenté respectivement de 1,1 °C et 1,7 °C durant cette même période. L'impact, à moyen et à long terme, des changements climatiques sur les habitats et la biodiversité de l'aire protégée est encore incertain.

these pressures. Having stated these different points, most of the local pressures are in the peripheral zone of the park, and the protected area is a place one can see and experience the floristic and faunistic richness of this magical forest.

There is some evidence of local climatic change in and around the Ranomafana National Park, an aspect impacting Madagascar as a whole, and between 1985 and 2014, dry episodes of up to 10 days occurred at the height of the rainy season, and precipitation decreased by about 0.3% annually, or around -100 mm (about -1 inch). Towards the end of this 30-year period, the rainy season tended to start 30 days earlier. Further, during these three decades, the average minimum and maximum daily temperatures increased by 1.1°C and 1.7°C, respectively. It is unclear what impact these climatic changes will have in the medium and long term on the protected area's biota.

Avec les contributions de / With contributions from : L. D. Andriamahefarivo, Z. Andriatafika, A. H. Armstrong, K. Behrens, J. P. Benstead, M. Cabeza, N. Cliquennois, G. K. Creighton, B. Crowley, J. Engel, L. Gautier, F. Glaw, S. M. Goodman, J. M. Hutcheon, O. Langrand, A. López-Baucells, E. E. Louis, Jr., P. P. Lowry II, Madagascar National Parks, M. E. McGroddy, B. D. Patterson, J. L. Patton, P. B. Phillipson, M. J. Raherilalao, V. H. Raherisoa, C. L. Rakotomalala, D. Rakotomalala, M. L. Rakotondrafara, J. C. Rakotoniaina, J. L. Rakotonirina, H. Ramiarinjanahary, L. Y. A. Randriamarolaza, A. P. Raselimanana, H. Rasolonjatovo, F. H. Ratrimomanarivo, V. R. Razafindratsita, F. S. Razanakiniana, R. Rocha, J. M. Ryan, A. B. Rylands, V. Soarimalala, J. Sparks, M. Vences, L. Wilmé, P. Wright, S. Wohlhauser & H. Wood.

Tableau A. Liste des vertébrés terrestres connus de Ranomafana. Pour chaque espèce, le système de codification suivant a été adopté : un astérisque (*) *avant* le nom de l'espèce désigne un endémique Malagasy ; les noms scientifiques en **gras** désignent les espèces strictement endémiques à l'aire protégée ; les noms scientifiques soulignés désignent des espèces uniques ou relativement uniques au site ; un plus (+) *avant* un nom d'espèce indique les taxons rentrant dans la catégorie Vulnérable ou plus de l'UICN ; un [1] *après* un nom d'espèce indique les taxons introduits ; et les noms scientifiques entre parenthèses nécessitent une documentation supplémentaire. Pour certaines espèces de grenouilles, les noms des sous-genres sont entre parenthèses. / **Table A.** List of the known terrestrial vertebrates of Ranomafana. For each species entry the following coding system was used: an asterisk (*) *before* the species name designates a Malagasy endemic; scientific names in **bold** are those that are strictly endemic to the protected area; underlined scientific names are unique or relatively unique to the site; a plus (+) *before* a species name indicate taxa with an IUCN statute of at least Vulnerable or higher; [1] *after* a species name indicates it is introduced to the island; and scientific names in parentheses require further documentation. For certain species of frogs, the subgenera names are presented in parentheses.

Amphibiens / amphibians, n = 101

*Heterixalus alboguttatus
*Heterixalus betsileo
*Boophis (Boophis) albilabris
*+<u>Boophis (Boophis) andohahela</u>
*Boophis (Boophis) ankaratra
*+**Boophis (Boophis) arcanus**
*+**Boophis (Boophis) boppa**
*Boophis (Boophis) bottae
*Boophis (Boophis) elenae
***Boophis (Boophis) luciae**
*Boophis (Boophis) luteus
*Boophis (Boophis) madagascariensis
*+<u>Boophis (Boophis) mandraka</u>
*+<u>Boophis (Boophis) majori</u>
*(Boophis (Boophis) marojezensis)
*(Boophis (Boophis) microtympanum)
*+**Boophis (Boophis) narinsi**
*Boophis (Boophis) obscurus
*Boophis (Boophis) periegetes
*Boophis (Boophis) picturatus
*+<u>Boophis (Boophis) piperatus</u>
*+<u>Boophis (Boophis) popi</u>
*Boophis (Boophis) quasiboehmei
*Boophis (Boophis) rappiodes
*Boophis (Boophis) reticulatus
*+Boophis (Boophis) rhodoscelis
*+<u>Boophis (Boophis) sandrae</u>
*Boophis (Boophis) schubeae
*+<u>Boophis (Boophis) spinophis</u>
*Boophis (Boophis) tasymena
*Boophis (Boophis) viridis
*Boophis (Sahona) guibei
*(Boophis (Sahona) pauliani)
*(Boophis (Sahona) tephraeomystax)
*Aglyptodactylus inguinalis
*Aglyptodactylus madagascariensis
*Blommersia blommersae
*Blommersia domerguei

*Blommersia grandisonae
*Gephyromantis (Asperomantis)
  ceratophrys
*+Gephyromantis (Duboimantis) pedronoi
*Gephyromantis (Duboimantis) plicifer
*Gephyromantis (Duboimantis) redimitus
*Gephyromantis (Duboimantis)
  sculpturatus
*Gephyromantis (Duboimantis) tschenki
*Gephyromantis (Gephyromantis) blanci
*Gephyromantis (Gephyromantis)
  boulengeri
*Gephyromantis (Gephyromantis) decaryi
*+**Gephyromantis (Gephyromantis) enki**
*+**Gephyromantis (Gephyromantis)
  runewsweeki**
*Gephyromantis (Laurentomantis) fiharimpe
*(Gephyromantis (Laurentomantis)
  malagasius)
*Gephyromantis (Laurentomantis)
  ventrimaculatus
*Guibemantis (Guibemantis) depressiceps
*Guibemantis (Guibemantis) tornieri
*Guibemantis (Pandanusicola) liber
*Guibemantis (Pandanusicola) pulcher
*+**Guibemantis (Pandanusicola)
  tasifotsy**
*Mantella baroni
*+<u>Mantella bernhardi</u>
*+<u>Mantella madagascariensis</u>
*Mantidactylus (Brygoomantis) alutus
*Mantidactylus (Brygoomantis) betsileanus
*Mantidactylus (Brygoomantis) bletzae
*Mantidactylus (Brygoomantis) glosi
*Mantidactylus (Brygoomantis) katae
*Mantidactylus (Brygoomantis)
  grubenmanni
*(Mantidactylus (Chonomantis) aerumnalis)

*+*Mantidactylus (Chonomantis) delormei*
**Mantidactylus* (Chonomantis)
melanopleura
**Mantidactylus* (Chonomantis) opiparis*
*+**Mantidactylus (Chonomantis) paidroa**
*(*Mantidactylus* (Hylobatrachus) lugubris)
**Mantidactylus* (Maitsomantis) argenteus*
**Mantidactylus* (Mantidactylus) grandidieri*
**Mantidactylus* (Ochthomantis) femoralis*
**Mantidactylus* (Ochthomantis) majori*
*(*Mantidactylus* (Ochthomantis) mocquardi)
**Spinomantis aglavei*
*(*Spinomantis bertini*)
**Spinomantis elegans*
**Spinomantis fimbriatus*
**Spinomantis peraccae*
Ptychadena mascareniensis

*(*Anodonthyla boulengeri*)
*+**Anodonthyla emilei**
Anodonthyla eximia
*+**Anodonthyla moramora**
**Platypelis grandis*
**Platypelis pollicaris*
**Platypelis tuberifera*
*+(*Plethodontohyla bipunctata*)
*+(*Plethodontohyla brevipes*)
**Plethodontohyla inguinalis*
**Plethodontohyla mihanika*
*(*Plethodontohyla notosticta*)
**Plethodontohyla ocellata*
**Rhombophryne nilevina*
*+**Stumpffia miery**
**Paradoxophyla palmata*
**Scaphiophryne spinosa*

Reptiles / reptiles, n = 53

**Brookesia superciliaris*
*+**Palleon nasus*
**Calumma crypticum*
**Calumma fallax*
**Calumma gastrotaenia*
*+*Calumma glawi*
*(*Calumma nasutum*)
*+*Calumma oshaughnessyi*
**Calumma parsonii*
**Calumma tjiasmanantoi*
*+**Furcifer balteatus*
**Furcifer willsii*
**Ebenavia boettgeri*
Gehyra mutilata
**Lygodactylus miops*
**Phelsuma lineata*
**Phelsuma quadriocellata*
**Uroplatus fimbriatus*
**Uroplatus phantasticus*
*(*Uroplatus sikorae*)
**Zonosaurus aeneus*
Zonosaurus madagascariensis
**Zonosaurus ornatus*
**Amphiglossus astrolabi*
*+**Brachyseps anosyensis*
**Brachyseps frontoparietalis*
**Brachyseps macrocercus*

**Brachyseps punctatus*
**Flexiseps melanurus*
**Madascincus ankodabensis*
**Trachylepis gravenhorstii*
**Sanzinia madagascariensis*
**Compsophis boulengeri*
**Compsophis infralineatus*
**Compsophis laphystius*
*+*Compsophis zeny*
**Ithycyphus perineti*
**Liophidium rhodogaster*
**Liophidium torquatum*
**Liopholidophis dolicocercus*
*+*Liopholidophis grandidieri*
**Liopholidophis rhadinaea*
**Liopholidophis sexlineatus*
**Madagascarophis colubrinus*
**Parastenophis betsileanus*
**Pseudoxyrhopus microps*
*+*Pseudoxyrhopus oblectator*
**Pseudoxyrhopus tritaeniatus*
**Thamnosophis epistibes*
**Thamnosophis infrasignatus*
Thamnosophis lateralis
Madatyphlops domerguei
Madatyphlops rajeryi

Oiseaux / birds, n = 125

*+*Tachybaptus pelzelnii*
Tachybaptus ruficollis
Phalacrocorax africanus
Ardea alba
Ardea cinerea
Ardea purpurea
Ardeola ralloides
Bubulcus ibis
Butorides striata
Egretta ardesiaca
Egretta garzetta
Nycticorax nycticorax
Scopus umbretta

**Lophotibis cristata*
Anas erythrorhyncha
Anas hottentota
*+*Anas melleri*
Dendrocygna viduata
Accipiter francesiae
**Accipiter henstii*
**Accipiter madagascariensis*
**Aviceda madagascariensis*
**Buteo brachypterus*
*+*Circus macrosceles*
*+*Eutriorchis astur*
Milvus aegyptius

*Polyboroides radiatus
Falco concolor
Falco eleonorae
Falco newtoni
Numida meleagris
*+<u>Mesitornis unicolor</u>
Dryolimnas cuvieri
Gallinula chloropus
*Mentocrex kioloides
*+<u>Rallus madagascariensis</u>
*Sarothrura insularis
*+<u>Sarothrura watersi</u>
Rostratula benghalensis
+<u>Glareola ocularis</u>
Charadrius tricollaris
*+<u>Gallinago macrodactyla</u>
*Alectroenas madagascariensis
Oena capensis
Nesoenas picturata
Treron australis
Coracopsis nigra
Coracopsis vasa
Centropus toulou
*Coua caerulea
*Coua reynaudii
*Cuculus rochii
Tyto alba
Asio capensis
*Asio madagascariensis
*Otus rutilus
Caprimulgus madagascariensis
*Gactornis enarratus
Apus balstoni
Tachymarptis melba
Cypsiurus parvus
*Zoonavena grandidieri
Corythornis vintsioides
*Corythornis madagascariensis
Merops superciliosus
Eurystomus glaucurus
*Atelornis crossleyi
*Atelornis pittoides
*+<u>Brachypteracias leptosomus</u>
*+<u>Geobiastes squamigera</u>
Leptosomus discolor
*Neodrepanis coruscans
*+<u>Neodrepanis hypoxantha</u>
*Philepitta castanea
Hirundo abyssinica
Phedina borbonica

Riparia paludicola
*Motacilla flaviventris
Coracina cinerea
Hypsipetes madagascariensis
*Copsychus albospecularis
*Monticola sharpei
Saxicola sibilla
Terpsiphone mutata
Cisticola cherina
*Neomixis striatigula
*Neomixis tenella
*Neomixis viridis
*Bradypterus brunneus
*Dromaeocercus seebohmi
*Acrocephalus newtoni
Nesillas typica
*Bernieria madagascariensis
*Crossleyia xanthophrys
*Cryptosylvicola randrianasoloi
*Hartertula flavoviridis
*Oxylabes madagascariensis
*Randia pseudozosterops
*Xanthomixis cinereiceps
*+<u>Xanthomixis tenebrosus</u>
*Xanthomixis zosterops
Cinnyris notatus
Cinnyris sovimanga
Zosterops maderaspatana
*Artamella viridis
*Calicalicus madagascariensis
Cyanolanius madagascarinus
*Hypositta corallirostris
*Leptopterus chabert
*Mystacornis crossleyi
*Newtonia amphichroa
*Newtonia brunneicauda
*Pseudobias wardi
*Schetba rufa
*Tylas eduardi
*Vanga curvirostris
*Xenopirostris polleni
Dicrurus forficatus
Corvus albus
Acridotheres tristis[1]
*Hartlaubius auratus
*Foudia madagascariensis
*Foudia omissa
*Nelicurvius nelicourvi
*Lepidopygia nana

Tenrecidae – tenrecidés / tenrecs, n = 21

*Hemicentetes semispinosus
*Microgale sp. nov. D
*Microgale cowani
*Microgale drouhardi
*Microgale fotsifotsy
*Microgale gracilis
*Microgale gymnorhyncha
*Microgale longicaudata
*Microgale majori
*+<u>Microgale mergulus</u>
*Microgale parvula

*Microgale principula
*Microgale soricoides
*Microgale taiva
*Microgale thomasi
*Nesogale sp. nov. C
*Nesogale cf. dobsoni
*Nesogale talazaci
*Oryzorictes sp. nov. B
*Setifer setosus
*Tenrec ecaudatus

Soricidae – musaraignes / shrews

Aucune information disponible / no information available

Nesomyidae – rongeurs / rodents, n = 10

Brachytarsomys albicauda
Brachyuromys betsileoensis
Eliurus majori
Eliurus minor
Eliurus tanala

Eliurus webbi
Gymnuromys roberti
Monticolomys koopmani
Nesomys audeberti
Nesomys rufus

Muridae – rongeurs / rodents, n = 1

Rattus rattus[1]

Chauves-souris / bats, n = 16

+Eidolon dupreanum
+Pteropus rufus
Rousettus madagascariensis
Macronycteris commersoni
Paremballonura atrata
Myzopoda aurita
Chaerephon atsinanana
Mops leucostigma

Mormopterus jugularis
Myotis goudoti
Neoromicia matroka
Scotophilus robustus
Miniopterus majori
Miniopterus manavi
Miniopterus sororculus

Eupleridae – carnivore / carnivoran, n = 5

+Cryptoprocta ferox
+Eupleres goudotii
Fossa fossana

Galidia elegans
Galidictis f. fasciata

Viverridae – carnivore / carnivoran, n = 1

Viverricula indica[1]

Lémuriens / lemurs, n = 14

+Cheirogaleus grovesi
+Cheirogaleus crossleyi
+Cheirogaleus sibreei
+Microcebus rufus
+Lepilemur microdon
+Eulemur rubriventer
Eulemur rufifrons

+Hapalemur aureus
+Hapalemur griseus
+Prolemur simus
+Varecia variegata
+Avahi peyrierasi
+Propithecus edwardsi
+Daubentonia madagascariensis

ANDRINGITRA

Noms : Parc National d'Andringitra, nom abrégé : Andringitra (see https://www.parcs-madagascar.com/parcs/andringitra.php pour plus de détails). La Figure 14 présente une carte du site ; le slogan d'Andringitra est « Là où les montagnes touchent le ciel ».

Catégorie UICN : II, Parc National. Autre statut : le site fait partie du Patrimoine Mondial de l'UNESCO dénommé « Forêts humides de l'Atsinanana ».

Généralités : Cette aire protégée, gérée par Madagascar National Parks (MNP), représente **l'une des aires protégées les plus diversifiées écologiquement sur l'île** avec des habitats qui s'étendent de la forêt dense humide de basse altitude au fourré éricoïde de montagne, avec les prairies altimontaines et des rocailles exposées au-dessus de la limite forestière (Figure 15). L'aire protégée s'étend sur **un gradient altitudinal de 600 m à plus de 2600 m**, du pied de l'escarpement oriental jusqu'aux plus hauts sommets des Hautes-terres centrales. Le massif est à la source de nombreuses rivières d'importance et sa crête centrale, orientée nord-sud, marque la ligne de partage des eaux, entre l'océan Indien (vers l'est) et le Canal du Mozambique (vers l'ouest). Les deux principaux sommets de l'Andringitra, le Pic Boby (Pic Imarivolanitra) à 2658 m et le Pic Bory à 2630 m, représentent respectivement le deuxième et le quatrième plus haut sommet de l'île (Figure 14). D'une surface de 31477 ha, le parc est principalement montagnard avec plus

ANDRINGITRA

Names: Parc National d'Andringitra, short name – Andringitra (see https://www.parcs-madagascar.com/parcs/andringitra.php for further details). See Figure 14 for a map of the site. The nickname of the protected area is "where the mountains touch the sky."

IUCN category: II, National Park. Other statute – Site du Patrimoine Mondial de l'UNESCO du Parc National d'Andringitra (Forêts humides de l'Atsinanana).

General aspects: This site is under the management of Madagascar National Parks and forms **one of the more ecologically diverse protected areas on the island** with habitats ranging from lowland moist evergreen forest to montane ericoid thicket, open grassland, and exposed rock areas above forest line (Figure 15). The protected area encompasses the divide between the Central Highlands, down to and below the eastern escarpment, and across an **elevational gradient from about 600** (1970 feet) **to more than 2600 m** (8720 feet). The massif is the source of several major rivers and its north-south central ridge spans the dividing watersheds between those draining to the east (Indian Ocean) and those to the west (Mozambique Channel). The two principal summits of Andringitra, Pic Boby (Pic Imarivolanitra) at 2658 m (8720 feet) and Pic Bory at 2630 m (8630 feet), represent the second and fourth highest peaks on the island (Figure 15). To emphasize the proportion of the park found at higher altitudes, over 70% of its

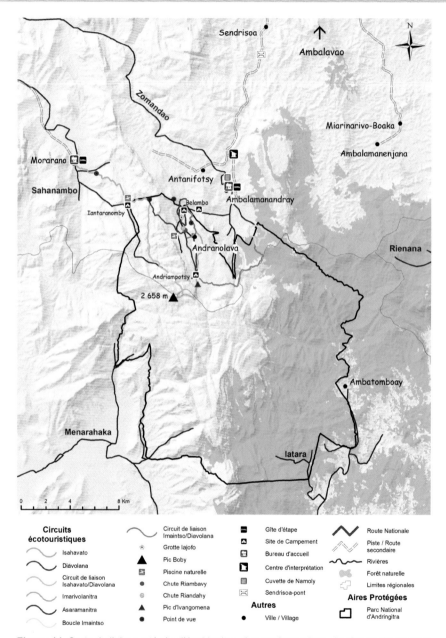

Figure 14. Carte de l'aire protégée d'Andringitra, des accès routiers, du réseau de sentiers et des différentes infrastructures, et des villes et villages environnants mentionnés dans le texte. / **Figure 14.** Map of the Ranomafana protected area, road access, the trail system and different types of infrastructure, and surrounding towns and villages mentioned in the text.

Figure 15. La topographie et les paysages d'Andringitra sont particulièrement spectaculaires. Cette vue, depuis la zone d'Anjavidilava, en contrebas du plateau d'Andohariana, est orientée vers l'est ; dans la vallée principale, on voit clairement la transition altitudinale de la végétation passant d'une forêt humide sempervirente aux prairies et fourrés d'altitude. (Photo par Voahangy Soarimalala.) / **Figure 15.** The topographic relief and landscapes of Andringitra are rather dramatic. Here is a view from a zone known as Anjavidilava, just below the Andohariana Plateau, and towards the east. In the main valley is the clear altitudinal transition of vegetation from evergreen moist forest to highland meadows and thickets. The central valley passes first into medium altitude and then to low altitude evergreen forest. (Photo by Voahangy Soarimalala.)

de 70 % de sa superficie au-dessus de 1250 m d'altitude et plus de 30 % au-dessus de 2000 m.

Cette aire protégée arbore un éventail de paysages, qui permet aux visiteurs d'apprécier les variations écologiques le long du gradient altitudinal depuis des zones boisées sur des versants abrupts, entrecoupés de vallées profondes et surplombés de falaises plongeantes, jusqu'à des crêtes accidentées, puis, à partir de

31,477 hectares is above 1250 m (4100 feet) and about 30% above 2000 m (6560 feet).

This protected area has an array of landscapes and where a visitor can appreciate ecological change and variation along an elevational gradient, with forested zones, including deep vallies and ridge crests, often upslope climbs, rugged plateaus, forest line occurring at around 1900 m (6235 feet), followed by a vast relatively

la limite forestière à environ 1900 m d'altitude, du plateau d'Andohariana, relativement plat, jusqu'à la magnifique zone sommitale rocheuse et accidentée. **La partie haute du parc, avec ses paysages montagneux et panoramas à couper le souffle, est la partie préférée des touristes grâce à son accès relativement aisé.** La zone à basse altitude de l'Est n'étant pas accessible en voiture, une approche de type expédition de plusieurs jours est nécessaire avant d'atteindre et d'explorer cette partie reculée.

La faune des vertébrés du parc compte 90 espèces d'amphibiens et de reptiles, 118 espèces d'oiseaux et un large éventail de mammifères, avec 13 espèces de lémuriens, dont deux classées En danger critique d'extinction ; ainsi, cette aire protégée est un remarquable exemple de la biodiversité exceptionnelle de l'île. La période idéale pour visiter ce site est entre novembre et janvier, lorsque la plupart des vertébrés sont en période de reproduction et au maximum de leur activité et que de nombreuses plantes sont en fleurs ou en fruits.

Les averses étant fréquentes, en particulier au cœur de la saison des pluies, il convient de prévoir un imperméable performant dans ses bagages. Pour les visiteurs qui envisagent de passer une nuit dans la partie haute du massif, des habits chauds et un matériel de couchage adéquat sont nécessaires, en particulier entre avril et septembre où les gelées nocturnes sont fréquentes. Dans la partie orientale à basse et moyenne altitude, les sangsues terrestres ne sont pas

flat montane area, the Andohariana Plateau, and finally the magnificent summital zone. **The upper elevational zone with its beautiful expansive high mountain landscapes, not to be forgotten views, and relatively easy access, this section of the park is the most frequently visited by tourists.** As the approach to the lowland eastern section is not accessible by motor vehicle, a visit to this area requires more of an expedition approach, as several days are needed to arrive and explore this remote area.

With its diverse vertebrate fauna, which includes 90 species of amphibians and reptiles, 118 species of birds, and a broad assortment of mammals, including 13 species of lemurs (two Critically Endangered), this protected area is a splendid example of the island's remarkable biodiversity. The ideal period for a visit to the site is between November and January, just at the start of the rainy season, when most land vertebrates are reproducing and their activity reaches its maximum level, as well as many plants being in flower or fruit.

Showers are frequent, particularly during the heart of the rainy season, so best for visitors to be prepared with the needed gear. For those planning an overnight in the high mountain portion of the park, warm clothing and bedding are required, particularly from April to September when nightly lows can be notably below freezing. During the rainy season in the eastern forested portions of the protected area, particularly at lower and middle elevations, terrestrial leaches are not uncommon and visitors should tuck

rares durant la saison des pluies, et il est recommandé aux visiteurs de remplier le bas des pantalons dans les chaussettes et leurs hauts dans le pantalon ; l'application de répulsif avec une concentration élevée en DEET sur le bas du pantalon et les chaussettes est également un moyen efficace d'empêcher les sangsues de s'accrocher et de remonter pour sucer leur butin de sang. Malgré une surprise plutôt désagréable au premier abord, les sangsues sont inoffensives et le guide saura vous conseiller sur le meilleur moyen de se prémunir de ces invertébrés.

La partie Est de l'aire protégée est dominée par le climat humide de l'Est avec des températures quotidiennes moyennes entre 11,1 °C et 19,2 °C. La saison chaude, de décembre à février, affiche des températures atteignant 27,3 °C, alors que durant la saison froide, de juin à août, celles-ci sont nettement plus basses. La pluviométrie annuelle est en moyenne de 1150 mm, dont 70 % tombent entre novembre et avril. En revanche, la partie de haute montagne est nettement plus froide et pendant les mois d'hiver sur le plateau d'Andohariana et les zones plus élevées, les températures sur 24 heures peuvent varier de maximum approchant 30 °C à des minimum de -10 °C, un énorme différentiel ! De juin à août, les gelées nocturnes sont fréquentes dans cette partie et des épisodes neigeux ont été enregistrés.

La géologie d'Andringitra est principalement constituée de gneiss et de schiste, dont une partie remonte au Précambrien. Témoin extraordinaire des mouvements tectoniques, les parois rocheuses à

their shirt into their pants and their pants into their socks; insect repellent with a high concentration of DEET applied to socks and lower parts of pants is also an effective manner to keep leeches from climbing and subsequently taking a blood meal. Do not worry too much about the leeches, which are harmless albeit somewhat disturbing for the first few encounters. Your guide can also explain the best manner to deal with these invertebrates.

The eastern portion of the protected area is dominated by the humid climate of the east with average daily temperatures ranging between 11.1°C and 19.2°C (52°F and 67°F). The warm season between December and February has peak average temperatures over 27.3°C (81°F), and the cold season is between June and August, with average temperatures being distinctly lower. Annual rainfall is around 1150 mm (45 inches), 70% falls between November and April. In contrast, the high mountain portion is distinctly colder and during the winter months on the Andohariana Plateau and higher zones, temperatures over the course of 24 hours can vary from highs approaching 30°C (86°F) to lows of -10°C (14°F), a massive differential! In this zone, nightly frost and freezing, particularly from June through late August, including streams which are iced in the early morning and snow has been recorded.

The primary geology of Andringitra is gneiss and schist, a portion being Precambrian in age. One extraordinary aspect is that the exposed rock faces of the western portion of the mountain chain date from the period before Madagascar separated as the result

Figure 16. La partie supérieure du massif de l'Andringitra était partiellement recouverte de glaciers au Pléistocène. Les stries verticales sur les affleurements illustrés ici sont dues à l'action érosive de blocs rocheux poussés par le glacier. (Photo par Voahangy Soarimalala.) / **Figure 16.** The upper portion of the Andringitra Massif was partially covered by glaciers during the Pleistocene. The vertical striations in the exposed faces shown here are where the glacier action pushed boulders and gouged out the rock. (Photo by Voahangy Soarimalala.)

l'ouest de la chaîne datent d'avant la séparation de Madagascar du Gondwana, il y a environ 180 millions d'années, et représente ainsi un point d'emboitement historique au continent africain. Ainsi, les roches situées sur une zone large de 400 km, de l'ouest de l'Andringitra à la côte Ouest de Madagascar, ont été formées après l'éclatement du Gondwana. Cette zone présente une multitude de formations et de faciès géologiques, depuis les grès de l'Isalo jusqu'aux calcaires de la bande infralittorale côtière, témoignant de l'intense dynamique de la Terre au cours des temps géologiques. Autre aspect

of tectonic action from Gondwana, about 180 million years ago, and included a point of attachment to the African continent. In other words, the zone between the western edge of Andringitra and the west coast of Madagascar, a distance of about 400 km (250 miles), formed since the breakup of Gondwana and composed of a multitude of different habitats and rock formations, including sandstone (near Isalo) and limestone (a north-south band along the slightly inland west coast) clearly demonstrating how dynamic mother earth is on a long-term geological scale. Another rather remarkable aspect is that during the

intéressant, certains affleurements dans les parties supérieures du massif présentent des stries verticales (Figure 16) qui témoignent de l'action érosive des glaciers durant les périodes de glaciation du Pléistocène (période géologique de -2,6 millions d'années à -12 000 ans). Andringitra présente des sols variés, dont la plupart sont très altérés, acides et relativement riches en fer et en aluminium.

Aspects légaux : Basé sur le Décret du 31 décembre 1927 (création de la Réserve Naturelle Intégrale n°5). Le statut de l'aire protégée a été modifié par le Décret n° 98-376 du 19 août 1998 et devient ainsi un Parc National.

Accès : Bien que la partie Nord d'Andringitra soit accessible par route, la majeure partie de l'aire protégée est démunie d'accès routier ce qui implique des marches d'approches sur des distances considérables depuis les villages environnants pour atteindre le parc. Dans tous les cas, l'arrivée se fait par Ambalavao situé sur la RN7 à 55 km au sud de Fianarantsoa (Figure 1). Pour atteindre la partie haute du parc, il est recommandé d'utiliser un véhicule tout-terrain pour prendre la piste en direction de Sendrisoa, puis Namoly/Antanifotsy (à environ 50 km) ; le bureau d'accueil du parc est situé à 1440 m d'altitude sur un promontoire dominant la cuvette de Namoly, au niveau de la bifurcation des pistes qui descendent, l'une vers Ambalamanandray (3 km, où se trouve le gîte de Madagascar National Parks) et l'autre vers Antanifotsy (5 km). Depuis le cyclone Batsirai, qui a détruit plusieurs ponts en février 2022, et jusqu'en mars 2023, l'accès

Pleistocene, the geological epoch from about 2.6 million years ago to about 12,000 years ago, the upper portions of the massif were glaciated and the vertical striations in the rock are from glacial actions that gouged into the rock (Figure 16). Andringitra has a mixture of soil types, most of which are highly weathered, acidic, and with relatively high amounts of iron and aluminum.

Legal aspects: Creation – based on Decree of 31 December 1927 (Creation of the Réserve Naturelle Intégrale No. 5). The status of the protected area was modified in 1998 under Decree No. 98-376 of 19 August 1998 and it became a National Park.

Access: A portion of the northern area of the Andringitra National Park is reachable by road, but much of the protected area lacks vehicle access and requires walking considerable distances from peripheral villages to reach the park. In either case, the principal point of arrival is via Ambalavao, which is along RN7, 55 km (34 miles) south of Fianarantsoa (Figure 1). To reach the high mountain portion of the park, take the road from Ambalavao to Namoly/Antanifotsy (about 50 km [31 miles]), which passes through the village of Sendrisoa, and then leads to the national park office at the edge of the Namoly Valley, located at the bifurcation to the village of Antanifotsy or Ambalamanandray (MNP guesthouse) sitting at 1440 m (4690 feet). After the passage of the cyclone Batsirai in early 2022, several bridges along the road were destroyed and as of March 2023 vehicles can only reach as far as Sendrisoa, which

en voiture n'est possible que jusqu'à Sendrisoa situé à 17 km de Namoly (soit 4 heures de marche). Il est recommandé d'organiser des porteurs pour accueillir les visiteurs à Sendrisoa et porter leurs bagages jusqu'à Ambalamanandray, en contactant, au préalable par téléphone, Madagascar National Parks ou les guides locaux. La réhabilitation des ponts et de la route n'étant pas encore programmée, il est toujours conseillé aux visiteurs d'emporter de quoi manger en route. Une fois à Ambalamanandray, il faut organiser la randonnée vers les zones sommitales du massif avec le guide et les porteurs, y compris les bivouacs dans les divers sites de campement situés sur le plateau d'Andohariana à environ 2000 m d'altitude (Figure 17). Il est important de noter que, durant la saison froide, les températures descendent largement au-dessous de 0 °C, et que l'ascension vers le sommet nécessite au moins une nuitée en altitude. Les divers circuits permettant aux visiteurs de découvrir les hautes montagnes du parc sont accessibles à partir de la cuvette de Namoly, depuis Ambalamanandray ou Antanifotsy.

L'accès à la partie Ouest du parc se fait en prenant la piste vers le sud à la bifurcation située sur la RN7 juste à l'entrée du village d'Antanambao, à 36 km au sud-ouest d'Ambalavao. Il est recommandé d'utiliser un véhicule tout-terrain pour emprunter la piste secondaire en direction de Vohitsaoka, puis vers la vallée de Sahanambo, où sont dispersés plusieurs hôtels, jusqu'au village de Morarano, à 20 km de la RN7 (où se trouve le bureau d'accueil de Madagascar National

is 17 km or about four hours walk from Namoly. Via telephone contact between Madagascar National Parks or local guide of the Namoly Valley it is possible to organize porters to meet visitors at Sendrisoa and carry baggage to Ambalamanandray. It is suggested that visitors carry some food with them to eat in route. It is uncertain when the road and bridges will be repaired. Once at Ambalamanandray, a guide and porters can be organized to climb towards the summital zone of the massif; camping sites are available on the Andohariana Plateau, at about 2000 m (6560 feet) (Figure 17). Note that during the cold season the minimum temperatures can drop to well below freezing and a climb to the summit includes an overnight. Most trails that allow visitors to see the high montane areas of the park are accessible via the Namoly Valley, whether from Ambalamanandray or Antanifotsy.

Access to the western portion of the park, best with a four-wheel drive vehicle, is via a secondary road that starts along the RN7, about 37 km (23 miles) west of Ambalavao and just a few kilometers before the village of Ankaramena. The road leads to the village of Antanambao, then to the village of Vohitsaoka, the Sahanambo Valley with several tourist hotels, and finally about 20 km after the RN7 turnoff to the village of Morarano (where Madagascar National Parks has an office). About a three hour walk from Morarano, which rises notably, is the camping area of Iantaranomby, which is at the entrance of the national park.

Figure 17. La randonnée aller-retour vers les hautes montagnes du parc, depuis la cuvette de Namoly jusqu'au Pic Boby (Imarivolanitra) à 2658 m, nécessite, idéalement, une nuit de bivouac sur le plateau d'Andohariana à environ 2000 m. Sur le plateau, plusieurs sites de campement sont répartis le long du circuit, comme illustré ici avec une tente dressée, un abri pour la cuisine et les repas et une source d'eau. (Photo par Voahangy Soarimalala.) / **Figure 17.** The round hiking trip to the high mountain portion of the park, from the Namoly Valley to Pic Boby (Imarivolanitra) at 2658 m (8720 feet), is best done with an overnight (camping) on the Andohariana Plateau at about 2000 m (6560 feet). On the plateau and along the approach to the summital zone, there are several camping sites, as shown here with an erected tent, a structure for preparing food, and a local water source. (Photo by Voahangy Soarimalala.)

Parks). Depuis Morarano, trois heures de marche en montée sont nécessaires pour atteindre le site de camping d'Iantaranomby à l'entrée du parc.

L'accès à la partie Est du parc se fait depuis Ambalavao par la piste secondaire, nécessitant un véhicule tout-terrain, jusqu'à Ambalamanenjana, à 44 km, où se trouve le bureau du secteur de Madagascar National Parks. Durant la saison sèche, l'accès par route est possible jusqu'à Ambalamanenjana,

To reach the eastern lowland portion of the park, take the secondary road from Ambalavao to Ambalamanenjana (44 km or 27 miles), where Madagascar National Parks has a sector office, and a guide and porters can be arranged to reach the lowland eastern portion of the park, which is several hours away on foot. During the dry season the road is accessible to Ambalamanenjana, but during the rainy season only to Miarinarivo (Iboaka), which is 4 km from Ambalamanenjana. The eastern entrance to the park is at Ambarongy,

mais en saison humide, la route est coupée au village de Miarinarivo (Iboaka), qui se trouve à 4 km d'Ambalamanenjana. Une fois à Ambalamanenjana, il faut organiser, avec le guide et les porteurs, la marche d'approche de plusieurs heures qui descend jusqu'à la partie Est du parc. Egalement depuis Ambalamanenjana, 30 km de marche vers le sud-ouest sont nécessaires pour atteindre le site de campement d'Ambarongy à l'entrée du parc. Depuis Ambarongy, un sentier conduit vers les hautes montagnes du parc et un circuit-boucle, sur plusieurs jours de randonnée, permet également de rejoindre Ambalamanandray, mais il est important d'organiser tous les détails au préalable avec Madagascar National Parks, le guide et les porteurs. Pour les autres voies d'accès au parc, il est nécessaire de se renseigner auprès de Madagascar National Parks à Ambalavao.

Infrastructures locales : Les infrastructures de gestion du Parc National d'Andringitra incluent le bureau administratif principal à Ambalavao, également responsable de la gestion de l'aire protégée voisine Pic d'Ivohibe, et de trois bureaux secondaires (secteurs) à Morarano, Ambalamanandray et Ambalamanenjana. Les autres infrastructures opérationnelles sont les quatre postes de gardes (Ambarongy, Ambatomboay, Ampasy et Antseranampahavalo) et une barrière de contrôle (Tearomihila).

Les aménagements touristiques du parc comprennent des centres d'interprétation (ecoshop, restaurant, toilettes) à Namoly et à Morarano (celui

where there is a camping area, and about 30 km from Ambalamanenjana. There is a trail from Ambarongy to reach the high mountain portion of the park and make a loop to Ambalamanandray, which is a several day trek and the details need to be organized with Madagascar National Parks and local guides and porters. There are other access points to the protected area and ask for information at the Madagascar National Parks office in Ambalavao.

Local infrastructure: Management infrastructure of the Andringitra National Park include the main administrative office in Ambalavao, which is also responsible for another regional protected area known as Pic d'Ivohibe, and three secondary offices (sector) in Morarano, Ambalamanandray, and Ambalamanenjana. Operational aspects include four guard posts (Ambarongy, Ambatomboay, Ampasy, and Antseranampahavalo) and a control barrier (Tearomihila).

Tourist facilities within the protected area include an interpretation center (ecoshop, restaurant, and toilets) with a reception center at Sahalava (which were destroyed by a cyclone in early 2022), another at Namoly, and the final one at Morarano, and two control huts (Ambohikitsy and Iantaranomby). Hotel facilities of different categories, are available near the north entrance (Namoly) and west entrance (Morarano), also near these two sites are areas where tourists can camp. Madagascar National Parks maintains two guest houses, one at Ambalamanandray-Namoly (Figure 18), known as Soaitambara meaning

de Sahalava a été détruit par un cyclone en 2022) et deux postes de contrôle (Ambohitsiky et Iantaranomby). Des facilités d'hébergement (hôtels et restaurants) pour tous les budgets sont disponibles au niveau des entrées Nord (Namoly) et Ouest (Morarano) ; on trouve également des sites de campement aux environs de ces deux entrées. Madagascar National Parks dispose également de deux gîtes, l'un à Morarano (toujours fermé en mars 2023) et l'autre à Ambalamanandray-Namoly (Figure 18) appelé Soaitambara (littéralement « le bien commun ») d'une capacité de 27 lits et équipé de toutes les facilités (électricité solaire, douche, toilettes communes, cuisine, salon, salle), ainsi que d'emplacements pour tentes dispersés autour. Six sites de campement équipés (eau, abri-tentes, coin-cuisine, foyer, abri-repas, douche, toilettes) sont établis à Andriampotsy, Belambo, Andranolava, Iantaranomby (plateau d'Andohariana), Amporomahery et Ambarongy le long des principaux circuits (présentés ci-après). Comme les campements sont alimentés en eau par les rivières et les ruisseaux de montagnes, il est vivement recommandé aux visiteurs de traiter l'eau, susceptible d'être contaminée par divers microbes (p.ex. giardia).

Au total, le réseau de sentiers du parc s'étend sur près de 76 km, ponctués d'aires de repos et/ou pique-nique et de points de vue ; certains circuits sont prévus pour des randonnées de longue distance. Les principaux circuits en boucles sont les suivants (la distance donnée correspond au trajet aller-retour) :

"the common good" which can house up to 27 individuals and with electricity (solar), showers, common toilets, kitchen, living room, and a large room. There are also camping sites next to Soaitambara. As of early 2023, the other guest house at Morarano was closed. There are also six equipped camping sites (tent shelters, kitchen area, covered area, fireplace, water, shower, and toilets) at Andriampotsy, Belambo, Andranolava, and Iantaranomby (Andohariana Plateau), Amporomahery, and Ambarongy, and further details presented below associated with the different circuits. All of the camping sites have water sources coming from local high mountain rivers and streams. It is strongly suggested that given possible microbes in the water, such as giardia, that visitors treat any drinking water.

The protected area has numerous tourist circuits with close to 76 km (47 miles) of trails, some for long-distance hiking, occasional resting/ picnic areas and look-out points. The main circuits include (the cited figures are the round trip distances):

Asaramanitra, 6 km [3.7 miles], access not too difficult – immerse yourself in the fascinating history of the two sacred falls of Riandahy and Riambavy and associated historic caves and simply extraordinary panoramic views, unique vegetation, including and terrestrial orchids, epiphytes, and birds. The camping area of Belambo is associated with this circuit and has 10 places to install tents.

Diavolana, 13 km [8 miles], medium to difficult access – traverses a

Figure 18. Situé à Ambalamanandray, dans la cuvette de Namoly, le charmant gîte Soaitambara (littéralement « le bien commun ») est géré par Madagascar National Parks et dispose de nombreuses facilités ; situé à quelques kilomètres de l'accès principal aux hautes montagnes, c'est là que s'organise, avec les guides et les porteurs, les randonnées vers le sommet de l'Andringitra « là où les montagnes rencontrent le ciel. » (Photo par Peter Schachenmann.) / **Figure 18.** Madagascar National Parks maintains a beautiful guest house in the Namoly Valley, some kilometers from the high mountain entrance into the park, known as Soaitambara of "the common good" and has considerable facilities. This is the place to organize guides and porters to go up to the summital area of Andringitra "where the mountains touch the sky." (Photo by Peter Schachenmann.)

Asaramanitra, 6 km, accès relativement aisé : ce circuit propose une immersion dans l'histoire fascinante des deux cascades sacrées de Riandahy et Riambavy (et les deux grottes associées) et la contemplation de panoramas extraordinaires, d'oiseaux et d'une végétation unique, dont des orchidées terrestres et des épiphytes. Le site de campement Belambo, associé à ce circuit, dispose de 10 emplacements pour tentes.

plateau mostly above forest line and providing rather breathtaking glimpses of a landscape were a high mountain population of *Lemur catta* (Ring-tailed Lemur) lives and vast plains of wild flowers and stands of the local endemic aloe, *Aloe andringitrensis*.

Imaitso, 14 km [8.7 miles], average access – passes through the upper portion of moist evergreen forest and montane ericoid thicket and provides access to observations of different

Diavolana, 13 km, accès moyen à difficile : principalement au-dessus de la limite forestière, ce circuit offre des points de vue sur des paysages à couper le souffle et traverse le plateau d'Andohariana avec sa flore sauvage ; ce circuit permet d'observer une population de haute montagne de *Lemur catta* (Lémur catta), ainsi qu'une plante endémique locale, *Aloe andringitrensis.*

Imaitso, 14 km, accès moyen : ce circuit traverse les étages supérieurs de la forêt dense humide, puis le fourré éricoïde de montagne et permet l'observation de divers oiseaux et lémuriens. Le site de campement Amporomahery, associé à ce circuit, dispose de 10 emplacements pour tentes et d'un coin-cuisine.

Imarivolanitra (Pic Boby), 28 km, accès moyen à difficile : ce circuit de 2 jours de randonnée (donc une nuit de bivouac) traverse le plateau d'Andohariana, avec ses prairies altimontaines, puis mène au plus haut sommet accessible de l'île (Pic Boby, 2658 m) qui offre un panorama exceptionnel, par temps clair, depuis le toit de Madagascar. Une ascension avant l'aube pour admirer le lever du soleil depuis le sommet est une expérience inoubliable ; au retour, il est possible de prendre une boucle de 5 km par le circuit Diavolana. Les sites de campement de cette zone disposent chacun de 15 emplacements pour tentes : les campements d'Andranolava et Iantaranomby sont associés aux circuits Diavolona-Imarivolanitra, alors que celui d'Andriampotsy est associé au circuit Imarivolanitra.

birds and lemurs. There is a camping area along this circuit, known as Amporomahery, with a kitchen area and places for about eight tents.

Imarivolanitra (Peak Boby), 28 km [17.4 miles] with two days of walking and an overnight on the massif, average to difficult access – this circuit leads to montane grasslands, the highest accessible peak on Madagascar (2658 m), and on a clear day simply remarkable views from the roof of Madagascar. A beautiful attraction is to climb up to the summit before dawn and watch the sunrise. On the way back there is a shortcut of about 5 km via the Diavolana circuit. Associates with the Diavolona-Imarivolanitra trail are the camping sites, each with places for about 15 tents, of Andranolava and Iantaranomby. Further, along the Imarivolanitra trail, is the camping area of Andriampotsy, also with about 15 tent sites.

Isahavato, 15 km [9.3 miles], medium to difficult access – along the western portions of the park, passing by Iantaranomby camping site, and with its unique vegetation, including the palm *Ravenea glauca*, and natural swimming pools.

Given certain difficulties and isolation of portions of the site, logistic aspects (access, circuits, and guiding) and spending the night (camping and supplies) should be discussed with local guides recommended by the site manager at the Morarano and Namoly entrances. Please note that in the high mountain area of the park and during the cold season, minimum temperatures can drop

Isahavato, 15 km, accès moyen à difficile : ce circuit parcourt la partie Ouest du parc et traverse une végétation unique, avec le palmier *Ravenea glauca*, des piscines naturelles et passe par le campement lantaranomby.

Etant donné la difficulté et l'enclavement de certaines portions, il faut préparer la logistique (accès, circuits, guidage) et l'hébergement (camping, approvisionnement) avec les guides locaux recommandés par le gestionnaire du site au niveau des entrées principales de Namoly ou Morarano. Il est important de rappeler que dans les hautes montagnes du parc et durant l'hiver austral, les températures descendent largement au-dessous de 0 °C et que les visiteurs doivent s'équiper d'habits chauds, de tentes et de matériel de couchage adéquats. L'exposition au soleil est particulièrement intense dans ces zones exposées du parc et il est, ainsi, essentiel de disposer d'**eau potable en suffisance** ; de plus, il est préférable de filtrer ou traiter l'eau des ruisseaux de montagnes avant de la boire.

Aspects culturels : Les deux groupes ethniques principaux qui vivent autour du parc sont les Bara, principalement au sud d'Ambatomboay et d'Ivohibe et à l'ouest d'Ankaramena, et les Betsileo au nord et sur les hauts-plateaux du massif. Les Bara sont principalement des pasteurs, qui élèvent surtout des zébus, mais pratiquent parfois l'agriculture itinérante sur brûlis (*tavy* en Malagasy). Au contraire, les Betsileo sont principalement des agriculteurs, pratiquant la riziculture

to well below freezing and visitors should be prepared with warm clothes and bedding, as well as their own tents. In this area of the park, given the open areas and exposure to direct sunlight, it is essential to have **sufficient drinking water**. There are high mountain water sources, but it is strongly suggested to filter or treat the water before consumption.

Cultural aspects: The two principal ethnic groups living around this site are the Bara, mostly along the southern margin from Ambatomboay to Ivohibe, and the Betsileo, found along the flanks to the north and west of the park and highland portions of the massif. The Bara are generally pastoralists, mostly zebu cattle, and sometimes practice swidden agriculture (*tavy* in Malagasy), classically referred to as slash-and-burn. In contrast, the Betsileo are largely agriculturalists, practicing both swidden and paddy rice, and to a lesser extent zebu breeding.

Both the Betsileo and Bara bury their dead in natural caves on the slopes of the Andringitra Massif and in neighboring stone massifs. The entrances to these caves are sealed after placing bodies within and for the Betsileo some are decorated with a light colored lime paint or marked with a cairn (*tatao* in Malagasy and meaning "heap of stones") to mark the location of a tomb. Among the Bara, there is no external sign to indicate the presence of a tomb.

Andringitra has many caves that have served as places of refuge in different periods of historical time. In some cases, during conquests including

Figure 19. Le cours supérieur de la rivière Zomandao, qui prend sa source dans la zone sommitale du massif de l'Andringitra, possède deux cascades nommées Riambavy et Riandahy. Ces chutes d'eau sont associées à plusieurs légendes et sont sacrées ; il est important de respecter les tabous locaux (*fady* en malgache) lors de la visite de ces sites. (Photo par Sébastien Wohlhauser.) / **Figure 19.** The headwaters of the Zomandao River, which has its origin in the summital zone of the Andringitra Massif, has two waterfalls named the Riambavy and Riandahy. These cascades are associated with several different legends and are sacred; it is important to follow local taboos (*fady* in Malagasy) when visiting these sites. (Photo by Sébastien Wohlhauser.)

irriguée et l'agriculture itinérante sur brûlis, ainsi que, dans une moindre mesure, l'élevage de zébus.

Tous deux, Bara et Betsileo, enterrent leurs morts dans les grottes naturelles des pourtours du massif de l'Andringitra et des montagnes avoisinantes. Pour les Betsileo, l'entrée des grottes est murée, une fois que le défunt y a été placé, et parfois décorée de peintures à la chaux ou doté d'un cairn (*tatao* en Malagasy,

ethnic conflicts, families were forced to take refuge in caves. Further, certain caves serve until today as refuges for itinerant zebu herders (*mpiarakandro* in Malagasy). Hence, it is possible to find artifacts (hearths and ceramic and metal pots and plates) in some caves, clear traces of the passage of the people who occupied these sites.

Many legends surround the massif and the surrounding forest. The most respected and locally famous of

« tas de pierres ») pour en indiquer la présence. Pour les Bara, aucun signe extérieur ne dévoile ces sépultures.

Les nombreuses grottes de l'Andringitra ont également servi d'abri au cours de l'histoire ; durant les conquêtes historiques, certaines familles furent contraintes de s'y réfugier en raison de conflits ethniques. Aujourd'hui encore, certaines grottes et abris sont utilisés par les bouviers (*mpiarakandro* en Malagasy) au cours de la transhumance du bétail. Ainsi, on y trouve parfois divers artefacts (foyers céramiques et assiettes et pots en métal) témoins du passage des divers occupants,

De nombreuses légendes entourent le massif et les forêts environnantes ; la plus connue et respectée est l'histoire d'un couple royal ayant célébré un rite sacré aux pieds des cascades dans les hautes montagnes du massif. A l'invocation du maître-guérisseur de cérémonie (*ombiasy* en Malagasy), la reine et le roi ont effectué des ablutions royales sous les eaux dégringolantes de deux différentes chutes d'eau, nommées ensuite en leur honneur, respectivement Andriambavy (cascade royale des femmes) et Andriandahy (cascade royale des hommes). A la naissance du premier enfant du couple royal, dénommée Vola, la reine baptisa la source de la cascade Andriambavy du nom de Andriambola. A la mort de Zo, leur second enfant, parti (*nandao* en Malagasy) trop tôt, le couple baptisa la rivière issue des deux cascades du nom de Zomandao. Les deux cascades, aujourd'hui appelées Riambavy et Riandahy, sont sacrées et de nombreux habitants pratiquent

these is that of a king and queen who performed ritual ceremonies at the foot of the waterfalls in the high mountain portion of the massif. On the advice of their spiritual leader or healer (*ombiasa* in Malagasy), the queen bathed below a rapidly flowing waterfall, which she renamed as Andriambavy or women's waterfall, while the place the king bathed was named Andriandahy or men's waterfall. The couple had their first child that was named Vola and the queen then baptized the source of Andriambavy as Andriambola. Their second child was a boy named Zo that died or "left them" (*nandao* in Malagasy) in his infancy, and they named the river formed by the two waterfalls as Zomandao. Many local people still practice different rituals at the base of the now named Riambavy and Riandahy falls, places considered until today to be sacred (Figure 19).

Flora & vegetation: The vegetation of Andringitra across the range of elevational zones has been investigated in some detail. Andringitra is an imposing massif with domes and granitic peaks, and cliffs of up to 500 m marking several of its faces. The site has a substantial elevational gradient, running from 600 m (1970 feet) to 2658 m (8720 feet) – the summit of Pic Boby (Imarivolanitra), the second-highest on Madagascar (Figure 20). The climatic gradient of Andringitra passes from the humid east to the drier west, with many microclimates depending on physiographic factors. Also, across the gradient there is notable changes in soil or edaphic conditions. Towards the summital zone, frost is frequent and direct solar

encore divers rites à leur pied (Figure 19).

Flore & végétation : La végétation d'Andringitra, qui s'étale sur plusieurs étages altitudinaux, a été plutôt bien étudiée. Le puissant massif est composé de dômes et de pics granitiques et plusieurs de ses versants sont bordés de falaises atteignant 500 m de haut ; son gradient altitudinal s'étend de 600 m jusqu'au Pic Boby (Imarivolanitra) à 2658 m, le deuxième plus haut sommet de Madagascar (Figure 20). Son gradient climatique

radiation intense; these phenomena are even more pronounced on rock outcrops. Forest covers nearly half of the site, mostly on the humid eastern slopes and with a dramatic orographic influence associated with rains.

Given the considerable diversity of vegetation types on the massif, we present some details on these formations. The lowland moist evergreen forest is limited to the eastern slopes of the site and occur up to about 800 m (2625 feet). It is a closed, multi-layered forest. Most of the site's closed canopy forest is classified

Figure 20. Le gradient altitudinal dans la forêt d'Andringitra s'étend de 600 m à la limite forestière à environ 2000 m et se termine sur le Pic Boby (Imarivolanitra), le deuxième plus haut sommet de Madagascar, à 2658 m. La photo montre le sommet de Pic Boby, avec son cairn, et les stries verticales sur le rocher résultant de l'érosion glaciaire du Pléistocène. (Photo par Voahangy Soarimalala.) / **Figure 20.** The elevational gradient within the forest of the Andringitra protected area spans from 600 m (1970 feet) to forest line at about 2000 m (6560 feet) and terminates on Pic Boby (Imarivolanitra), the second highest peak on Madagascar, at 2658 m (8720 feet). The summit of Pic Boby is shown here and the vertical striations in the rock are the result of Pleistocene glaciation. On the peak can be seen a small cairn that is the summit. (Photo by Voahangy Soarimalala.)

s'étend de l'Est humide à l'Ouest sec, avec de nombreux microclimats selon les facteurs physiographiques ; la nature des sols présente également des variations importantes le long de ces gradients. Dans les zones sommitales, le gel y est fréquent et l'insolation, directe et intense ; l'effet de ces phénomènes étant accentué sur les roches affleurantes. La couverture forestière occupe près de la moitié du site, principalement sur son versant oriental humide en raison

as medium altitude moist evergreen formation, with many variants, found between 1000 m (3280 feet) and as high as 2000 m (6560 feet) on the eastern slopes of the massif (Figure 21). At its lower elevations, the forest generally comprises an upper stratum of medium-sized trees. At higher altitudes, beginning at around 1600 m (5250 feet), the vegetation becomes distinctly more sclerophyllous, that is to say with thicker and leatherier leaves and other adaptations to reduce water loss. In this zone the forest has

Figure 21. Il existe différentes formations forestières sur le massif de l'Andringitra, allant de la forêt humide sempervirente de basse altitude, limitée aux pentes orientales et s'observant jusqu'à environ 800 m et le type dominant de forêt humide sempervirente de moyenne altitude. Cette dernière formation forestière, qui est illustrée ici, a une canopée fermée et s'étend environ 1000 m jusqu'à la limite forestière, se trouvant en dessous de 2000 m. (Photo par Voahangy Soarimalala.) / **Figure 21.** There are different forest formations on the Andringitra Massif, ranging from lowland moist evergreen forest, limited to the eastern slopes and occurring up to about 800 m (2625 feet) and the dominating type of medium altitude moist evergreen forest. The latter forest formation, which is shown here, has a closed canopy and ranges from about 1000 m (3280 feet) to forest line below 2000 m. (Photo by Voahangy Soarimalala.)

des pluies orographiques générées par l'escarpement.

La forêt dense humide de basse altitude est limitée à la partie orientale et monte jusqu'à plus de 800 m d'altitude ; c'est une forêt fermée et pluristrate. La forêt dense humide de moyenne altitude représente l'essentiel de la couverture forestière du parc et présente de nombreuses variantes de 1000 et jusqu'à 2000 m sur son versant Est (Figure 21). Dans les altitudes inférieures, elle est principalement constituée par une strate supérieure formée d'arbres de taille moyenne. Plus haut, à partir de 1600 m, on trouve une formation distinctement sclérophylle, c'est-à-dire avec des feuilles coriaces et épaisses, et présentant d'autres adaptations pour réduire les pertes en eau ; cette forêt présente trois strates : une strate supérieure à tendance sclérophylle dans laquelle se trouvent des épiphytes en abondance (bryophytes et lichens), une strate moyenne plus ou moins lâche, une strate inférieure constituée par des fougères, des espèces herbacées, dont des bambous, et une strate au sol formée par des lichens et des bryophytes. Sur le versant Ouest, entre 800 et 1600 m, on observe une forêt claire sclérophylle dominée par le tapia (*Uapaca bojeri*, Phyllanthaceae) et également de formations arbustives ouvertes dans les thalwegs rocailleux avec le palmier *Ravenea glauca* (Arecaceae).

A partir de 1800 m, on trouve le fourré éricoïde de montagne, unistrate, généralement peu pénétrable, souvent morcelé, à tapis herbacé absent ou discontinu ; les lichens et les bryophytes y sont fréquents.

three distinct layers: an upper stratum tending toward sclerophylly and laden with abundant epiphytes (bryophytes and lichens); a more or less open middle stratum; and a lower stratum consisting of ferns, herbaceous species (including bamboos), and a ground cover of lichens and bryophytes. On the western slopes of the massif, between 800 and 1600 m (2625 and 5250 feet), there is sclerophyllous woodland dominated by tapia (*Uapaca bojeri*, Phyllanthaceae), as well as open shrub vegetation in rocky thalwegs with palms (*Ravenea glauca*, Arecaceae).

Beginning at about 1800 m (5900 feet), montane ericoid thicket occurs, forming a single stratum or bearing a discontinuous arboreal layer. It often occurs in separated patches, difficult to penetrate, and herbaceous ground cover being either lacking or discontinuous. Lichens and bryophytes are prominent and localized thickets of bamboo also occur (Figure 22). The central upper portion of the massif is covered by a similar, but more impoverished thicket, with heath (*Erica*, Ericaceae) and a variety of other plants growing between rocky slabs or on scree at the base of cliffs.

On the plateaus in the upper portion of the massif, most notably Andohariana, montane grasslands are made up principally of herbaceous or semi-woody grasses and sedges, with diverse species of terrestrial orchids (Figure 23). Shrubs occur in certain areas, and these grasslands are sometimes invaded by heath, which at times require maintenance fires. Some grasslands have been traditionally used for pasture, and

Par endroits, on trouve également un fourré à bambous (Figure 22). La partie centrale du massif est couverte d'un fourré similaire, mais plus pauvre, à bruyères (*Erica*, Ericaceae) et d'autres plantes qui se développent entre les dalles rocheuses ou sur les éboulis au pied des falaises.

Sur les plateaux d'altitude, principalement celui d'Andohariana, les prairies de montagne sont principalement constituées de graminées et laîches, herbacées ou at times the subject of fire, perhaps ignited naturally from lightning strikes and more recently by human intervention. On these same plateaus, one also finds herbaceous marshes and *Sphagnum* bogs (Sphagnaceae). On the rocky outcrops that dot the landscape there is rupicolous vegetation dominated by xerophytic plants, succulents or sclerophyllous, whose species differing between the moist eastern and dry western slopes.

Figure 22. A partir d'environ 1800 m, il y a une transition entre la végétation de la partie supérieure de la forêt humide sempervirente de moyenne altitude et le fourré éricoïde montagnard. Il s'agit d'une zone difficile à pénétrer et souvent recouverte d'une couverture dense de différents épiphytes, notamment des plantes vasculaires, des lichens et des bryophytes. (Photo par Voahangy Soarimalala.) / **Figure 22.** Starting at about 1800 m (5900 feet) there is a transition in the vegetation from the upper section of medium altitude moist evergreen forest to montane ericoid thicket. This is a zone that is difficult to penetrate and often with dense cover of epiphytes, including vascular plants, lichens, and bryophytes. (Photo by Voahangy Soarimalala.)

semi-ligneuses, avec de nombreuses espèces d'orchidées terrestres (Figure 23) avec, par endroits, des arbustes. Des feux d'entretien sont parfois nécessaires lorsque les prairies sont envahies par les bruyères. Certaines prairies sont traditionnellement utilisées comme pâturages et sont parfois la proie de feux, peut-être liés à des impacts de foudre, ou d'origine humaine récente. Sur ces mêmes plateaux, on trouve également des marais herbeux et des tourbières à sphaignes (*Sphagnum*, Sphagnaceae). Sur les affleurements rocheux qui ponctuent le paysage, la végétation rupicole est constituée par des xérophytes, succulents ou sclérophylles, dont les espèces diffèrent entre les versants Ouest et Est.

La végétation des altitudes supérieures rappelle celle d'autres hautes montagnes du monde, que ce soit par sa physionomie ou par sa flore, en particulier certains genres. Cette ressemblance est flagrante pour tout visiteur qui a déjà parcouru d'autres zones montagneuses, telles que les Alpes, ou les hautes montagnes d'Afrique de l'Est comme le Kilimandjaro, le Mont Kenya ou les Monts Ruwenzori.

Du côté floristique, sur la base d'une compilation réalisée en 2018, la flore de l'aire protégée compte 1052 espèces de plantes, dont 1034 (98 %) sont indigènes et 770 (75 %) endémiques à Madagascar. La flore locale comprend de nombreuses essences forestières communes à la forêt dense humide, telle qu'*Abrahamia ditimena* (Anacardiaceae) (Figure 24), ainsi que des espèces confinées aux altitudes

Figure 23. Au-dessus de la limite de la forêt sur le massif de l'Andringitra s'étend une vaste zone ouverte de prairies altimontaines et de fourrés éricoïdes sur le plateau d'Andohariana avec des éléments floristiques tout à fait uniques ; plus de 30 espèces d'orchidées terrestres ont été documentées dans cette zone. (Photo par Harald Schütz.) / **Figure 23.** Above forest line on the Andringitra Massif stretches a vast open area of ericoid thicket on the Andohariana Plateau with quite unique floristic elements. More than 30 species of terrestrial orchids have been documented in this area. (Photo by Harald Schütz.)

The vegetation and flora of the upper zones shows close affinities in terms of the vegetational structure, and to some extent locally occurring plant genera, to other high mountain areas of the world. To help emphasize this point, a well-traveled visitor will find remarkable resemblance to other high

Figure 24. *Abrahamia ditimena* (Anacardiaceae) en fruit dans la forêt sempervirente de moyenne altitude. (Photo par Charles Rakotovao.) / **Figure 24.** *Abrahamia ditimena* (Anacardiaceae) in fruit in medium altitude evergreen forest. (Photo by Charles Rakotovao.)

mountains they have visited, including for example the Swiss Alps or high mountain areas of east Africa such as Kilimanjaro, Mount Kenya or the Ruwenzori Mountains.

From the floristic side, based on a tabulation from 2018, the protected area is known to have 1052 species of plants, 1034 (98%) of which are native, and of these 770 species (75%) are endemic to Madagascar. The local flora comprises many widespread moist evergreen forest elements, such as *Abrahamia ditimena* (Anacardiaceae) (Figure 24), as well as species that are

Figure 25. Au-dessus de la limite forestière du massif de l'Andringitra se trouve une vaste zone largement plate, appelée plateau d'Andohariana, couverte en partie par de la prairie altimontaine composée principalement d'herbacées, parfois semi-ligneuses, et de laîches (*Carex*), ainsi que diverses espèces d'orchidées terrestres. Sur cette photo, prise en 1993 durant la saison sèche, l'affleurement rocheux au centre et avec la face claire est le Pic Ivangomena et le sommet à droite est le Pic Boby (Imarivolanitra). (Photo par Olivier Langrand.) / **Figure 25.** Above forest line on the Andringitra Massif is a vast and largely flat zone known as the Andohariana Plateau. Here the montane grassland formation is made up principally of herbaceous or semi-woody grasses and sedges, with diverse species of terrestrial orchids and other vascular plants. The rock outcrop in the center and with the light color face is Pic Ivangomena and the higher pick to the right is Pic Boby (Imarivolanitra). This image was taken in August 1993 and during the dry season. (Photo by Olivier Langrand.)

supérieures, présentant un taux d'endémisme local particulièrement élevé au-dessus de la limite forestière dans les prairies altimontaines et la végétation rupicole (Figure 25).

Au total, **33 espèces de plantes ne sont connues qu'à Andringitra** ; 85 espèces végétales ne sont connues qu'à Andringitra et quatre autres sites (au plus) à Madagascar. Deux familles de plantes endémiques à Madagascar sont présentes dans le parc : Asteropeiaceae et Sarcolaenaceae.

Faune : Avec sa diversité d'habitats étalés sur un large gradient altitudinal, de la forêt dense humide de basse altitude, jusqu'au fourré éricoïde en passant par les prairies et les affleurements de montagne, le parc abrite une riche biodiversité (Table B) et a ainsi fait l'objet de nombreux inventaires et études ; cependant, les forêts denses humides de basse altitude à l'est et au sud-est du parc méritent encore des recherches plus approfondies. Le site présente une diversité considérable de vertébrés terrestres (oiseaux, petits mammifères, carnivores et lémuriens) et abrite des espèces endémiques locales d'amphibiens (par exemple *Boophis laurenti, Mantidactylus madecassus* et *Anodonthyla montana*). Aucune espèce de reptiles unique au massif n'a été décrite jusque-là ; cependant, des espèces d'altitude rencontrées dans les Hautes-terres centrales s'y trouvent comme, par exemple, le caméléon *Furcifer campani* (Figure 26). Etant donné l'amplitude altitudinale du massif, en particulier sur son versant Est, des changements marqués dans la composition de la faune vertébrée sont observés à

confined to the higher elevations of the site, where there is an exceptionally high level of local endemism above forest line in the montane grassland and rupicolous vegetation (Figure 25).

In total, **33 species of plants are only known from Andringitra**. Altogether, 85 species are known from the massif and no more than four other localities. Members of two families endemic to Madagascar are present at Andringitra: Asteropeiaceae and Sarcolaenaceae.

Fauna: This site with natural habitats ranging from lowland moist evergreen forest to montane ericoid thicket and open areas with exposed rock, falling across a broad elevational gradient, has been the subject of different inventory studies and is biologically very rich (Table B); the lowland moist evergreen forests of the east and southeast of the park need further documentation. Among terrestrial vertebrates, the site has notable species diversity of birds, small mammals, carnivorans, and lemurs, and it holds some locally endemic amphibians (for example, *Boophis laurenti,* *Mantidactylus madecassus,* and *Anodonthyla montana*), but, to date, no species of reptile has been described that is unique to the massif. Further, there are some species that occur towards the upper elevational zones of Central Highland mountains (for example, the chameleon *Furcifer campani*, Figure 26). Given the elevational variation of the massif, particulalry, the eastern side, there is considerable change in the terrestrial vertebrate fauna as one moves up in altitude. For example, among native

Figure 26. Plusieurs espèces d'animaux endémiques sont présentes dans les zones sommitales des montagnes de Hautes-terres centrales, notamment le caméléon principalement terrestre *Furcifer campani*, que l'on peut observer au-dessus de la limite forestière de l'Andringitra ; d'après la coloration vive de cet individu, photographié à Ankaratra, il s'agit d'un mâle. (Photo par Achille P. Raselimanana.) / **Figure 26.** Several species of endemic animals occur in the summital zones of the high mountains of the Central Highlands, which include the largely terrestrial chameleon *Furcifer campani*, which can be observed above forest line on Andringitra. Based on the vivid coloration of this individual, which was photographed on Ankaratra, it is a male. (Photo by Achille P. Raselimanana.)

Figure 27. Les forêts de Madagascar abritent un nombre considérable d'espèces de petits mammifères, qui sont les plus diversifiées et les plus denses dans la partie supérieure de la formation humide sempervirente de moyenne altitude. Sur cette photo est représenté un rongeur endémique, *Monticolomys koopmani*, décrit en 1996 d'Ankaratra et d'Andringitra et retrouvé en suite sur d'autres massifs de la partie orientale de l'île. (Photo par Harald Schütz.) / **Figure 27.** The forests of Madagascar have a considerable number of small mammal species, which are most diverse and with the highest density in the upper portion of the medium altitude moist evergreen formation. Here is shown an endemic rodent, *Monticolomys koopmani*, described in 1996 from Ankaratra and Andringitra and subsequently found on other massifs in the eastern portion of the island. (Photo by Harald Schütz.)

mesure que l'on monte. Par exemple, pour les petits mammifères indigènes, c'est-à-dire 100 % endémiques à Madagascar, on trouve la plus grande diversité de tenrecs et de rongeurs à l'étage altitudinal compris entre 1625 et 1990 m ; certaines espèces, telle que *Monticolomys koopmani* (Figure 27) ne sont connues que dans les zones forestières les plus hautes.

Les explorations zoologiques conduites au cours des récentes décennies ont révélé de nombreuses surprises. La découverte de lémurs catta (*Lemur catta*) dans la zone sommitale du massif au cours d'une

small mammals, which are 100% endemic to the island, the greatest species diversity of rodents and tenrecs is in the zone from 1625 m (5330 feet) to 1990 m (6530 feet) and certain species, such as *Monticolomys koopmani* (Figure 27) is only known from the upper forested area.

The zoological exploration of Andringitra over the past few decades has revealed numerous surprises. One interesting example is the presence of Ring-tailed Lemurs (*Lemur catta*), a

expédition est particulièrement insolite, car cette espèce typique des forêts sèches était, jusque-là, cantonnée aux régions Sud et Sud-ouest de l'île ; cette petite population a été observée escaladant les parois verticales du Pic Ivangomena (2556 m ; Figure 28) et semblait présenter un pelage un peu plus clair qu'à l'accoutumée. Des observations de terrain et des études écologiques ont montré que cette population entreprend des migrations altitudinales saisonnières. Les analyses moléculaires ont conclu que cette population n'est pas génétiquement différente des makis « typiques » rencontrés ailleurs ; la pâleur du pelage pourrait être due au blanchiment causé par l'intensité des radiations solaires rencontrées à cette altitude.

Trois espèces d'hapalémurs sont présentes à Andringitra ; sur la base d'études conduites à Ranomafana (où les mêmes espèces existent), ces hapalémurs se nourrissent principalement, voire presque exclusivement, du bambou géant (*Cathariostachys madagascariensis*) qui contient des quantités notables de cyanure hautement toxique. La quantité consommée quotidiennement par ces animaux est 50 fois supérieure à la dose létale nécessaire pour tuer un humain adulte, comparativement à leur taille ; ces animaux ont donc développé, au cours de l'évolution, un mécanisme pour détoxifier le cyanure.

Vu la complexité écologique du site, il est certain que des inventaires biologiques complémentaires associés à des études systématiques permettront de découvrir d'autres espèces et d'acquérir des données nouvelles sur la biodiversité

typically dry forest species in the south and southwest of the island, which were found during an expedition to inventory the summital zone. The local population was observed scaling the bare vertical cliffs of Pic Ivangomena (2556 m or 8385 feet, Figure 28) and these individuals seemed at the time as having a rather pale pelage coloration. The results of subsequent field and ecological research indicate that at Andringitra there is a permanent population that undergoes some seasonal elevational migration. Further, work on the molecular genetics of this population has shown that they are not different from typical Ring-tailed Lemur populations elsewhere on the island; the paleness of the pelage may be related to bleaching from the intensive local solar radiation.

Three species of bamboo lemurs occur at Andringitra, which based on research at Ranomafana, where the same three species occur, they feed extensively or almost exclusively on a giant bamboo (*Cathariostachys madagascariensis*) that contains considerable quantities of poisonous cyanide. In fact, the daily amount of cyanide consumed is about 50 times the lethal dose for an animal of their size and sufficient to kill an adult person. They have evolved a manner to detoxify the cyanide.

Given the ecological complexity of the site, further biological inventories and associated systematic studies are certain to uncover species unknown from Andringitra and in turn new data on measures of local biodiversity; this information is important to advance the conservation of this park, as well as in a parallel fashion other protected

Figure 28. La zone du massif située au-dessus de la limite forestière a fait l'objet de nombreuses découvertes scientifiques intéressantes. Une population de makis (*Lemur catta*) est présente sur le Massif de l'Andringitra et un groupe d'études a montré quelques déplacements verticaux saisonniers entre la zone sommitale et les basses altitudes. **A)** La falaise montrée ici est le Pic Ivangomena, que la troupe escaladait régulièrement à la verticale. La petite grotte en bas à droite de la paroi rocheuse est l'endroit où la troupe dormait souvent, ce qui les aidait vraisemblablement à rester plus au chaud que dans les zones plus exposées et à dissuader la prédation par le plus grand prédateur existant sur l'île, le Fosa (*Cryptoprocta ferox*). (Photo par Voahangy Soarimalala.) **B)** Les individus illustrés ici sur la falaise du Pic Ivangomena appartiennent à la population de haute montagne. (Photo par Olivier Langrand.) / **Figure 28.** The zone of the massif above forest line has been an area of numerous interesting scientific discoveries. A population of Ring-tailed Lemurs (*Lemur catta*) occur on the Andringitra Massif and a study group showed some seasonal vertical displacement between the summital zone and lower altitudes. **A)** The cliff shown here is Pic Ivangomena, which the troop scaled vertically on a regular basis. The small cave in the lower right of the rock face is where the troop often slept, which presumably helped them to keep warmer than in more exposed areas and deterred predation by the largest extant predator on the island, the Fosa (*Cryptoprocta ferox*). (Photo by Voahangy Soarimalala.) **B)** The individuals illustrated here on the cliff face of Pic Ivangomena are of the high mountain population. (Photo by Olivier Langrand.)

d'Andringitra ; ces informations sont capitales pour affiner les actions de conservation du parc, mais aussi dans les autres protégées de Madagascar. Le cas des grenouilles est un bon exemple, car seules 50 espèces ont été documentées à Andringitra, ce qui ne représente que la moitié de celles répertoriées à Ranomafana. Etant donné l'amplitude altitudinale d'Andringitra plus étendue, on s'attendrait à trouver une diversité de grenouilles au moins équivalente. En fait, ces décomptes dissemblables reflètent simplement des efforts de prospection différents entre les deux sites.

Compte tenu de la documentation conséquente des vertébrés terrestres à Andringitra depuis plusieurs décennies et sur un tel gradient altitudinal, cette aire protégée représente une fenêtre remarquable pour détecter les éventuels indices de modifications majeures, dont particulièrement celles induites par le changement climatique.

Enjeux de conservation : A l'intérieur de l'aire protégée d'Andringitra, les pressions humaines sont faibles dans les forêts et les zones montagneuses, mais celles causées par la situation socio-économique sont importantes en-dehors du parc : exploitation des ressources naturelles, braconnage, feux de brousse et agriculture itinérante sur brûlis (*tavy* en Malagasy). Une part importante des populations vivant dans la région est dépendante des ressources de la forêt pour garantir leur subsistance et leur revenu économique. Par exemple, le paysage le long du sentier entre Ambalamanenjana et Ambarongy présente une mosaïque de zones areas on Madagascar. A good example would be the frog fauna, for which 50 species are documented from Andringitra, half the known diversity of Ranomafana. Given the broad altitudinal variation of the first site as compared to the second, it would be anticipated that Andringitra would have at least a comparable number of species, and the current measures reflect the different levels of herpetological exploration. Further, given data gathered on the Andringitra Massif over the past decades on land vertebrates across the considerable altitudinal gradient, this site provides an important window in biodiversity shifts associated with patterns of change through time, such as those related to climate.

Conservation challenges: The area within the Andringitra National Park has few human pressures on the remaining forest and high mountain ecosystems. In contrast, outside the park there are important pressures, mainly related to socio-economic aspects, and include exploitation of different forest resources, poaching of animals, wildfires, and swidden (*tavy* in Malagasy) agriculture. For a substantial portion of the people living in the nearby countryside, they are dependent on natural resources for their subsistence and economic survival. For example, the landscape on the trail from Ambalamanenjana to Ambarongy includes a patchwork of forest, agricultural areas, and secondary forests (fallows). Forest loss within the park in the past decades has been not an important problem and occurred mostly in the more

cultivées, de fragments forestiers et de forêts secondaires (jachères). Au cours des dernières décennies, la déforestation dans le parc était principalement limitée aux zones de basse altitude à l'Est et cette situation est aujourd'hui maîtrisée.

Les feux pastoraux intentionnels ont pour objectif d'assurer le renouvellement des herbages de pâture, en particulier à l'Ouest et au-dessus de la limite forestière ; ceux-ci s'étendent malheureusement au-delà des zones initialement prévues lorsqu'ils sont incontrôlés. Les feux volontaires sont l'expression de mécontentement ou de représailles lors de mésententes entre villages. La foudre serait à l'origine des feux dans la partie haute du massif au-dessus de la limite forestière, en particulier dans le vaste plateau d'Andohariana. Des essences introduites, telles que le mimosa (*Acacia dealbata*, Fabaceae), deviennent envahissantes sur certains versants, mais généralement en-dessous de 1900 m d'altitude. Au contraire, les pins (*Pinus patula*, Pinaceae) se dispersent très rapidement sur le plateau d'Andohariana, au pied du Pic Boby et autour de la cuvette de Namoly.

Les aménagements de conservation comprennent 30 km de pares-feux entretenus. Le programme de restauration écologique est composé d'une parcelle à Ampasimpotsy, partiellement détruite durant le passage d'un feu en octobre 2022. Il n'y a pas de facilités de recherche spécifiques, mais des campements d'exploration scientifique furent établis à distance des circuits touristiques. En conclusion, les pressions notées dans le parc sont considérées comme

remote eastern lowland portions, but this problem is largely under control.

Human-set fires are mainly related to pasture renewal, particularly along the western slopes and the above forest line zones, and on occasion these get out of control and burn unintended areas. Fires can also be set as voluntary acts as of retaliation between villages or to express different forms of discontent. In the high mountain portions of the massif, particularly in the vast open area above forest line of the Andohariana Plateau, fires are documented to have commenced naturally via lightning strikes. In the montane area of the park, generally below 1900 m (6235 feet) and in degraded forested habitats, the introduced tree *Acacia dealbata* (Fabaceae) is invasive. Introduced pines (*Pinus patula*, Pinaceae) occur on the Andohariana Plateau, at the foot of Pic Boby, and in and around the Namoly Valley; based on field observations this invasive is spreading rapidly in these zones.

The conservation infrastructure includes about 30 km (19 miles) of maintained firebreaks. The ecological restoration program consists of a plot at Ampasimpotsy, which was partially destroyed during the passage of a fire in October 2022. There is no specific research facility in the park, but exploration camps away from the tourist circuits have been used. Having stated these different points, most of these pressures are considered minor and this national park maintains its natural splendor and with important levels of floristic and faunistic richness.

There is some evidence of local climatic change, an aspect impacting

mineures et le parc conserve ses splendeurs naturelles et son très haut niveau de richesses floristiques et fauniques.

L'impact du changement climatique, un problème qui affecte l'ensemble de Madagascar, s'exprime localement à Andringitra par une augmentation des épisodes secs, atteignant 30 jours successifs au cœur de la saison des pluies, et une diminution de la pluviométrie annuelle de 97 mm entre 1985 et 2014, soit environ 0,4 % par an. Au terme de cette période de 30 ans, le début de la saison humide s'est avancé de 20 jours et la fin était retardée de 10 jours. Les températures moyennes minimale et maximale ont augmenté respectivement de 1,0 °C et 1,3 °C durant cette même période. Durant la saison froide, le nombre de nuits avec du gel en haute altitude a diminué au cours de ces 20 dernières années. L'impact, à moyen et à long terme, des changements climatiques sur les habitats et la biodiversité de l'aire protégée est encore incertain.

Madagascar as a whole, and between 1985 and 2014, dry episodes of up to 30 days occurred at the height of the rainy season, and precipitation decreased by about 0.4% annually, or around -97 mm (-3.8 inches). Towards the end of this 30-year interval, the rainy season tended to start 20 days earlier and end 10 days later. Further, during this period, the average minimum and maximum daily temperatures increased by 1.0°C and 1.3°C, respectively. The number of nights with frost during the cold season in the high mountain areas have been declining over the past couple of decades. It is unclear what impact these climatic changes will have in the medium and long term on the protected area's biota.

Avec les contributions de / With contributions from: L. D. Andriamahefarivo, A. H. Armstrong, C. Barnes, K. Behrens, B. Crowley, R. Dolch, C. Domergue, L. Gautier, F. Glaw, S. M. Goodman, H. Hoogstraal, K. L. Lange, O. Langrand, E. E. Louis, Jr., P. P. Lowry II, Madagascar National Parks, M. E. McGroddy, M. E. Nicoll, L. Nusbaumer, P. B. Phillipson, M. J. Raherilalao, C. L. Rakotomalala, M. L. Rakotondrafara, F. Rakotondraparany, B. Ramasindrazana, L. Y. A. Randriamarolaza, A. P. Raselimanana, H. Rasolonjatovo, F. S. Razanakiniana, A. B. Rylands, J. Sparks, V. Soarimalala, R. W. Storer, M. Vences, S. Verlynde, L. Wilmé & S. Wohlhauser.

Tableau B. Liste des vertébrés terrestres connus d'Andringitra. Pour chaque espèce, le système de codification suivant a été adopté : un astérisque (*) *avant* le nom de l'espèce désigne un endémique Malagasy ; les noms scientifiques en **gras** désignent les espèces strictement endémiques à l'aire protégée ; les noms scientifiques soulignés désignent des espèces uniques ou relativement uniques au site ; un plus (+) *avant* un nom d'espèce indique les taxons rentrant dans la catégorie Vulnérable ou plus de l'UICN ; un [1] *après* un nom d'espèce indique les taxons introduits ; et les noms scientifiques entre parenthèses nécessitent une documentation supplémentaire. Pour certaines espèces de grenouilles, les noms des sous-genres sont entre parenthèses. / **Table B.** List of the known terrestrial vertebrates of Andringitra. For each species entry the following coding system was used: an asterisk (*) *before* the species name designates a Malagasy endemic; scientific names in **bold** are those that are strictly endemic to the protected area; underlined scientific names are unique or relatively unique to the site; a plus (+) *before* a species name indicate taxa with an IUCN statute of at least Vulnerable or higher; [1] *after* a species name indicates it is introduced to the island; and scientific names in parentheses require further documentation. For certain species of frogs, the subgenera names are presented in parentheses.

Amphibiens / amphibians, n = 50

*Heterixalus betsileo
*Boophis (Boophis) albilabris
*Boophis (Boophis) albipunctatus
*+**Boophis (Boophis) laurenti**
*Boophis (Boophis) luteus
*Boophis (Boophis) madagascariensis
*+Boophis (Boophis) majori
*Boophis (Boophis) microtympanum
*Boophis (Boophis) obscurus
*+Boophis (Boophis) popi
*+(Boophis (Boophis) quasiboehmei
*(Boophis (Boophis) rappiodes)
*Boophis (Boophis) reticulatus
*Boophis (Boophis) viridis
*Blommersia domerguei
*Blommersia grandisonae
*Aglyptodactylus madagascariensis
*Gephyromantis (Asperomantis) spinifer
*(Gephyromantis (Duboimantis)
  sculpturatus)
*Gephyromantis (Duboimantis) redimitus
*Gephyromantis (Gephyromantis) blanci
*Guibemantis (Guibemantis) tornieri
*Guibemantis (Pandanusicola) sp.
*Guibemantis (Pandanusicola) liber
*Mantella baroni
*(Mantidactylus (Brygoomantis)
  betsileanus)

*(Mantidactylus (Brygoomantis) biporus)
*Mantidactylus (Brygoomantis) bourgati
*+**Mantidactylus (Brygoomantis)
  madecassus**
*+Mantidactylus (Chonomantis) delormei
*Mantidactylus (Chonomantis) opiparis
*(Mantidactylus (Hylobatrachus) lugubris)
*Mantidactylus (Maitsomantis) argenteus
*Mantidactylus (Mantidactylus) grandidieri
*Mantidactylus (Ochthomantis) femoralis
*Mantidactylus (Ochthomantis) majori
*Spinomantis aglavei
*Spinomantis mirus
*Spinomantis elegans
*Spinomantis peraccae
Ptychadena mascareniensis
*(Anodonthyla boulengeri)
*+**Anodonthyla montana**
*Platypelis tuberifera
*(Plethodontohyla bipunctata)
*Plethodontohyla inguinalis
*Plethodontohyla notosticta
*+(Rhombophryne coronata)
*Scaphiophryne madagascariensis
*+(Scaphiophryne spinosa)

Reptiles / reptiles, n = 41

*Brookesia superciliaris
*+Palleon nasus
*+Calumma andringitraense
*Calumma crypticum
*(Calumma fallax)
*Calumma gastrotaenia
*+(Calumma hilleniusi)
*(Calumma nasutum)
*+Calumma oshaughnessyi

*+Furcifer campani
*Furcifer lateralis
*+Furcifer nicosiai
*+Lygodactylus intermedius
*Phelsuma barbouri
*Phelsuma lineata
*Phelsuma quadriocellata
*Uroplatus phantasticus
*Zonosaurus aeneus

*Zonosaurus ornatus
*+Brachyseps anosyensis
*Brachyseps macrocercus
*Brachyseps punctatus
*Flexiseps melanurus
*Madascincus ankodabensis
*Trachylepis boettgeri
*Trachylepis elegans
*Trachylepis gravenhorstii
*Trachylepis madagascariensis
*Compsophis boulengeri
*Compsophis infralineatus

*Compsophis aff. laphystius
*+Compsophis aff. zeny
*Liophidium rhodogaster
*Liophidium torquatum
*+Liopholidophis grandidieri
*Liopholidophis sexlineatus
*Mimophis mahfalensis
*Pseudoxyrhopus microps
*Thamnosophis epistibes
*Thamnosophis infrasignatus
*Thamnosophis lateralis

Oiseaux / birds, n = 118

*+Tachybaptus pelzelnii
Tachybaptus ruficollis
Phalacrocorax africanus
Ardea alba
Ardea purpurea
Bubulcus ibis
Egretta ardesiaca
Egretta garzetta
Scopus umbretta
*Lophotibis cristata
Anas erythrorhyncha
*+Anas melleri
Dendrocygna bicolor
Dendrocygna viduata
Accipiter francesiae
*Accipiter henstii
*Accipiter madagascariensis
*Aviceda madagascariensis
*Buteo brachypterus
*+Circus macrosceles
Milvus aegyptius
*Polyboroides radiatus
Falco concolor
Falco eleonorae
Falco newtoni
Falco peregrinus
*Falco zoniventris
Coturnix coturnix
*Margaroperdix madagarensis
*+Mesitornis unicolor
*Turnix nigricollis
Dryolimnas cuvieri
*Mentocrex kioloides
*+Rallus madagascariensis
*Sarothrura insularis
Actitis hypoleucos
*+Gallinago macrodactyla
*Alectroenas madagascariensis
Nesoenas picturata
Treron australis
*Agapornis canus
Coracopsis nigra
Coracopsis vasa
Centropus toulou
*Coua caerulea
*Coua reynaudii
*Cuculus rochii
Pachycoccyx audeberti
Tyto alba
*Asio madagascariensis
*Otus rutilus

Caprimulgus madagascariensis
Apus balstoni
Tachymarptis melba
Cypsiurus parvus
*Zoonavena grandidieri
Alcedo vintsioides
*Corythornis madagascariensis
Merops superciliosus
Eurystomus glaucurus
*Atelornis crossleyi
*Atelornis pittoides
*+Brachypteracias leptosomus
*+Geobiastes squamigera
Leptosomus discolor
*Neodrepanis coruscans
*+Neodrepanis hypoxantha
*Philepitta castanea
*Eremopterix hova
Phedina borbonica
Riparia paludicola
*Motacilla flaviventris
Coracina cinerea
Hypsipetes madagascariensis
*Copsychus albospecularis
*Monticola sharpei
Saxicola sibilla
Terpsiphone mutata
Cisticola cherina
*Neomixis striatigula
*Neomixis tenella
*Neomixis viridis
*Bradypterus brunneus
*Dromaeocercus seebohmi
*Acrocephalus newtoni
Nesillas typica
*Bernieria madagascariensis
*Crossleyia xanthophrys
*Cryptosylvicola randrianasoloi
*Hartertula flavoviridis
*Oxylabes madagascariensis
*Randia pseudozosterops
*Xanthomixis cinereiceps
*Xanthomixis zosterops
Cinnyris notatus
Cinnyris sovimanga
Zosterops maderaspatana
*Artamella viridis
*Calicalicus madagascariensis
Cyanolanius madagascarinus
*Hypositta corallirostris
*Leptopterus chabert

*Mystacornis crossleyi
*Newtonia amphichroa
*Newtonia brunneicauda
*Pseudobias wardi
*Schetba rufa
*Tylas eduardi
*Vanga curvirostris
*Xenopirostris polleni

Dicrurus forficatus
Corvus albus
Acridotheres tristis[1]
*Hartlaubius auratus
*Foudia madagascariensis
*Foudia omissa
*Nelicurvius nelicourvi
*Lepidopygia nana

Tenrecidae – tenrecidés / tenrecs, n = 23

*Hemicentetes nigriceps
*Hemicentetes semispinosus
*Microgale sp. nov. D
*Microgale cowani
*Microgale drouhardi
*Microgale fotsifotsy
*Microgale gracilis
*Microgale gymnorhyncha
*Microgale longicaudata
*Microgale majori
*+Microgale mergulus
*Microgale parvula

*Microgale principula
*Microgale pusilla
*Microgale soricoides
*Microgale taiva
*Microgale thomasi
*Nesogale dobsoni
*Nesogale talazaci
*Oryzorictes sp. nov. B
*Oryzorictes tetradactylus
*Setifer setosus
*Tenrec ecaudatus

Soricidae – musaraignes / shrews, n = 1

Suncus etruscus[1]

Nesomyidae – rongeurs / rodents, n = 9

*Brachyuromys betsileoensis
*Brachyuromys ramirohitra
*Eliurus majori
*Eliurus minor
*Eliurus tanala

*Eliurus webbi
*Gymnuromys roberti
*Monticolomys koopmani
*Nesomys rufus

Muridae – rongeurs / rodents, n = 2

Mus musculus[1]

Rattus rattus[1]

Chauves-souris / bats, n = 5

*Rousettus madagascariensis
*Macronycteris commersoni
*Myotis goudoti

*Neoromicia matroka
Miniopterus sp.

Eupleridae – carnivore / carnivoran, n = 5

*+Cryptoprocta ferox
*+Eupleres goudotii
*Fossa fossana

*Galidia elegans
*Galidictis f. fasciata

Viverridae – carnivore / carnivoran, n = 1

Viverricula indica[1]

Lémuriens / lemurs, n = 13

*Cheirogaleus sp.
*Microcebus cf. rufus
*Lepilemur sp.
*Eulemur cinericeps / rufifrons hybrid
*+Eulemur rubriventer
*+Hapalemur aureus
*+Hapalemur griseus

*+Lemur catta
*+Prolemur simus
*+Varecia variegata
*+Avahi peyrierasi
*+Propithecus edwardsi
*+Daubentonia madagascariensis

Définitions

Agriculture itinérante (*tavy*) – système agricole, également connu sous le nom d'agriculture sur abattis-brûlis, où on pratique la mise en culture alternée de zones forestières défrichées et brûlées, puis laissées en friches plusieurs années afin d'assurer la régénération des sols.

Altitude – dans le texte, l'altitude est donnée, en mètres (m), par rapport au niveau de la mer.

Autochtone – relatif à un organisme dont la présence est naturelle dans une zone, par opposition à un organisme introduit.

Catégories de risque d'extinction de la liste rouge de l'UICN – le statut de conservation (risque d'extinction), extrait de la Liste rouge de l'UICN, est mentionné uniquement pour les espèces correspondant aux catégories « menacées » à savoir : En danger critique (CR), En danger (EN) et Vulnérable (VU).

Catégorie d'aires protégées selon l'UICN – au niveau international, l'UICN classe les aires protégées en six catégories, qui correspondent à divers objets (espèces, écosystèmes et paysages) et/ou niveaux de protection (strict, ouvert au tourisme et activités agricoles réglementées) et dont les dénominations sont les suivantes à Madagascar : I) Réserve Naturelle Intégrale, II) Parc National, III) Monument Naturel, IV) Réserve Spéciale, V) Paysage Harmonieux Protégé et VI) Réserves de Ressources Naturelles.

Emergent (forêt) – strate forestière (ou arbre isolé) composée d'arbres, dont les cimes se dressent au-dessus de la canopée.

Definitions

Elevation – herein all cited elevations are with reference to above sea-level and in meters (m).

Emergent trees – the vertical layer (or isolated tree) in forests made up of the tallest trees with their crowns emerging above the canopy.

Endemic – an organism restricted to a given area. For example, an animal that is only known from Madagascar is endemic to the island (see **microendemic** below).

Extirpated – a plant or animal that no longer exists in a portion of its former geographic range.

Flora – this term concerns the plants present in a given region, the species composition, and generally referring to wild plants (native and introduced), as compared to those planted, for example, in gardens.

Geographic localities – for certain localities in Madagascar two parallel systems of geographical place names exist, one being associated with the former colonial system and the other the Malagasy name. We have used the Malagasy names throughout the book and at first usage, the non-Malagasy names are presented in parentheses, for example Antananarivo (Tananarive).

Hectare – an area that is 10,000 square meters or 2.5 acres (US).

IUCN categories of protected areas – at the international level, the IUCN classifies protected areas into six categories, which correspond to various aspects (species, ecosystems,

Endémique – relatif à un organisme dont la distribution est limitée à une zone géographique donnée. Par exemple, un animal connu seulement à Madagascar est dit endémique de l'île (voir **micro-endémique**, ci-dessous).

Disparu – relatif à une espèce, végétale ou animale, qui n'est plus présente dans une partie de sa distribution originale.

Durée de voyage – dans ce guide, les durées de voyage par route sont indiquées entre les aires protégées et diverses localités. Dans les centres de grandes villes (Antananarivo et Toamasina), les embouteillages peuvent être importants pendant les heures de pointe ; pour éviter une circulation dense, il serait mieux de partir le plus tôt possible le matin, c'est-à-dire avant 6 h 30.

Flore – ensemble des plantes sauvages (indigènes et introduites) présentes dans une région donnée, à l'exclusion des espèces cultivées, par exemple, dans les jardins.

Hectares – unité de surface équivalente à 10 000 mètres carrés ou 2,5 acres (US).

Indigène – présent naturellement dans une zone, par rapport à introduit.

Localités géographiques – pour certains lieux à Madagascar, deux appellations géographiques peuvent se rencontrer simultanément, l'une issue du système colonial historique (en français), l'autre basée sur les noms Malagasy. Les noms Malagasy sont utilisés tout au long du guide, mais, l'appellation non-Malagasy est mentionnée entre parenthèses à la première apparition d'un nom de lieu, par exemple Antananarivo (Tananarive).

Malagasy – dans ce guide, l'utilisation du terme Malagasy en tant que nom

and landscapes) and/or levels of protection (strict, open to tourism, and regulated agricultural activities) and these categories are as follows for Madagascar: I) Strict Nature Reserve, II) National Park, III) Natural Monument, IV) Special Reserve, V) Protected Harmonious Landscape, and VI) Natural Resource Reserves.

IUCN Red List categories – the conservation statutes extracted from the IUCN Red List are mentioned herein for those falling in the "threatened" category include Critically Endangered (CR), Endangered (EN), and Vulnerable (VU).

Malagasy – throughout the book we use the term Malagasy in its noun and adjective forms (as compared to Madagascan) to refer to the people, the language, the culture, and other animate and inanimate objects from Madagascar. Malagasy words are presented in lowercase italics.

Malagasy Region – a zone of the western Indian Ocean including the islands of Madagascar and the archipelagos of the Comoros, the Mascarenes (Mauritius, La Réunion, and Rodriguez), and the Seychelles.

Microendemic – an **endemic** organism with a restricted geographical distribution. For example, an endemic animal only known from a limited area of Madagascar is a microendemic to that zone.

Native – naturally occurring in an area, as compared to being introduced.

Phenology – the study of seasonal natural phenomena in relationship to climate and plant and animal life, such

ou adjectif fait référence au peuple, à la langue, à la culture et autres objets, vivants ou non, matériels ou immatériels, originaires de Madagascar. Les mots en langue Malagasy sont écrits en italique.

Micro-endémique – relatif à un organisme dont la présence est limitée à une zone géographique restreinte. Par exemple, un animal connu seulement dans une zone limitée de Madagascar est dit micro-endémique à cette zone.

Nom scientifique – dans ce guide, le nom scientifique, largement standardisé, est généralement préféré pour désigner les plantes et les animaux (excepté les oiseaux et les lémuriens), car les noms vernaculaires, qui varient considérablement entre les sources, peuvent prêter à confusion. Dans les tableaux répertoriant les animaux terrestres d'un site, seul le nom scientifique a été indiqué afin d'optimiser l'espace et le format ; pour les visiteurs qui ne seraient pas familiers avec les noms scientifiques, il est recommandé d'emporter des guides de terrain afin de faire le lien entre le nom scientifique et le nom vernaculaire ou le nom commun ; c'est particulièrement le cas pour les oiseaux et les lémuriens.

Non-décrite (espèce) – que ce soit pour les plantes ou les animaux, un nombre considérable de nouvelles espèces reste à décrire à Madagascar. Dans certains cas, ces organismes sont déjà reconnus par les spécialistes, mais restent encore à nommer formellement dans une publication scientifique. Dans les listes ci-après, diverses expressions sont utilisées pour les espèces dont le nom spécifique n'est pas encore défini : « sp. nov. » (= nouvelle espèce), « sp. » (espèce distincte dont la dénomination

as the period of flowering and fruiting of plants consumed by lemurs and birds.

Phytogeography – research area of plant ecology that deals with the study of the geographic distribution of plants.

Region – this term is used here in two different manners, 1) referring to a general geographical area or 2) denoting administrative regions (*faritra* in Malagasy), which includes 23 different units, and the two protected areas presented herein fall within the Alaotra-Mangoro Region.

Rupicolous – refers to plants and animals that live in rocky habitats.

Scientific names – throughout this book when citing plants and animals (with the exception of birds and lemurs), we generally do not use vernacular names, which can vary considerably between different reference sources and can be confusing, and prefer to use scientific names, which are largely standardized. In the table listing the known land animal species for each site, we only present scientific names. We apologize for any inconvenience for visitors not familiar with scientific names, but this approach was in part for space and format reasons and we suggest that visitors carry field guides with them, particularly for birds and lemurs, to make the needed liaison between vernacular or common and scientific names.

Swidden agriculture (*tavy*) – this form of agriculture, also known as slash-and-burn or shifting cultivation, refers to a technique of rotational farming in which cleared forest areas are put into

est encore incertaine), « sp. aff. » (morpho-espèce, espèce distincte qui présente des ressemblances avec une espèce décrite, par exemple *Uroplatus* sp. aff. *henkeli* Ca11).

Phénologie – étude des cycles naturels des plantes et animaux en relation avec les variations climatiques, par exemple, les saisons de floraison et de fructification des plantes consommées par les lémuriens et les oiseaux.

Phytogéographie – domaine de recherche de l'écologie végétale qui porte sur l'étude de la répartition géographique des plantes.

Région – ce terme est utilisé de deux manières différentes dans le guide : 1) en référence à une zone géographique usuelle ou 2) en référence à la délimitation territoriale administrative qui comprend 22 régions (*faritra* en Malagasy) ; les deux aires protégées présentées dans ce guide sont situées dans la Région d'Alaotra-Mangoro.

Région Malagasy – écorégion de l'Ouest de l'océan Indien qui comprend l'île de Madagascar, ainsi que les archipels des Comores, des Mascareignes (Maurice, La Réunion et Rodrigues) et des Seychelles.

Rupicole – se dit des plantes et animaux qui vivent dans des habitats rocheux.

Topographie – relatif aux formes et caractéristiques de la surface de la Terre.

Végétation – ensemble des plantes qui poussent en un lieu donné et décrivant la structure et leur répartition selon leur nature.

Zoonose – maladies infectieuses (causée par des virus, bactéries, parasites et champignons) transmissibles de l'homme à l'animal et inversement.

cultivation and then left to regenerate for several years.

Topography – the study of land forms and surface features.

Travel time – in the text we present road travel times between different points and protected areas. In major city centers (Antananarivo and Toamasina) congestion can be heavy during rush hour periods, and to avoid frustrating traffic we suggest that it is best to leave as early in the morning as possible, that is to say before 6:30 a.m.

Undescribed species – for both plants and animals, a considerable number of species occurring on Madagascar remain to be described. In some cases, these unnamed organisms have been identified by scientists but remain to be named in technical publications. In the tables herein, we use the following denotation for determinations at the species level that are not definitive: "sp. nov." (= new species), "sp." (a distinct species but the identification is uncertain).

Vegetation – this term is used for the plants present in an area, with special reference to structure, life forms, and spatial distribution.

Zoonotic disease – infections including viruses, bacteria, parasites, and fungi that are spread between people and animals.

NOTES